# 세계의 여러 나라

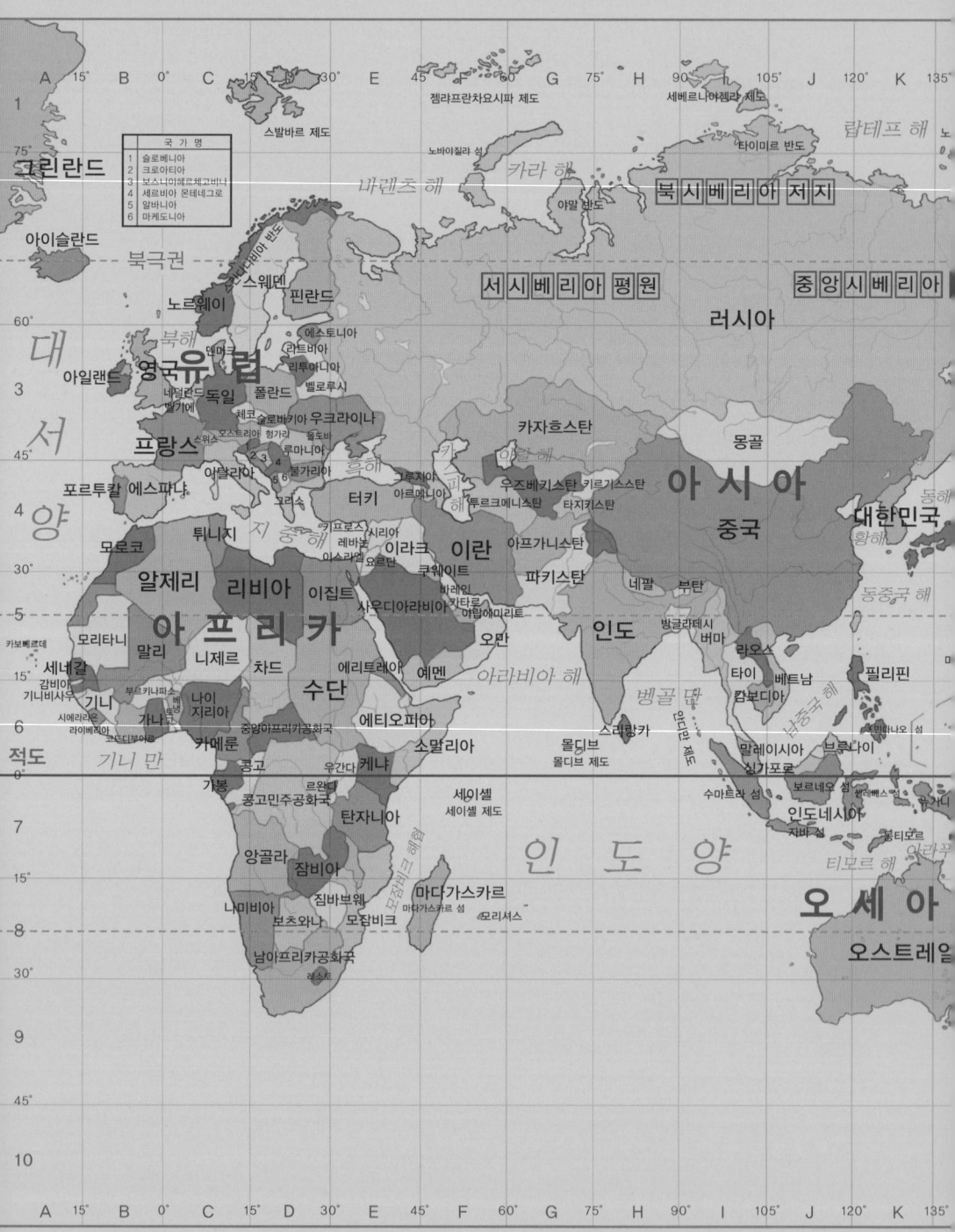

국가명
1 슬로베니아
2 크로아티아
3 보스니아헤르체고비나
4 세르비아 몬테네그로
5 알바니아
6 마케도니아

그린란드

아이슬란드

노르웨이 스웨덴 핀란드

북극권

북해

대서양

아일랜드 영국 유럽 네덜란드 독일 폴란드 벨기에 체코 슬로바키아 우크라이나

프랑스 스위스 오스트리아 헝가리 루마니아

포르투칼 에스파냐 이탈리아 그리스 불가리아 흑해 조지아 아르메니아

모로코 알제리 리비아 이집트

아프리카

모리타니 말리 니제르 차드 수단

세네갈 기니비사우 기니 부르키나파소 나이지리아 가나 코트디부아르 카메룬

라이베리아 시에라리온

적도 기니 만

가봉 콩고 콩고민주공화국 우간다 케냐

앙골라 탄자니아 잠비아 짐바브웨 나미비아 보츠와나 모잠비크

남아프리카공화국 레소토 마다가스카르

러시아

카자흐스탄 몽골

우즈베키스탄 키르기스스탄 투르크메니스탄 타지키스탄

터키 시리아 이라크 이란 아프가니스탄 파키스탄

키프로스 레바논 이스라엘 요르단 쿠웨이트 사우디아라비아 바레인 카타르 아랍에미리트 오만 예멘

네팔 부탄 인도 방글라데시 버마

라오스 타이 베트남 캄보디아

스리랑카 몰디브 몰디브 제도

에리트레아 에티오피아 소말리아

세이셀 세이셀 제도

아시아 중국 대한민국

동해 황해 동중국 해

필리핀 민다나오 섬 남중국 해

말레이시아 싱가포르 브루나이 보르네오 섬 수마트라 섬 인도네시아 자바 섬 동티모르 티모르 해

인도양

오세아

오스트레일

적도

북시베리아 저지 서시베리아 평원 중앙시베리아

탑테프 해

타이미르 반도 야말 반도 노바야질랴 섬

젬라프란차요시파 제도 세베르나야젬랴 제도 스발바르 제도

카라 해 바렌츠 해

북회귀선

날짜변경선

적도

남회귀선

세상에서
가장 재미있는
세계지도

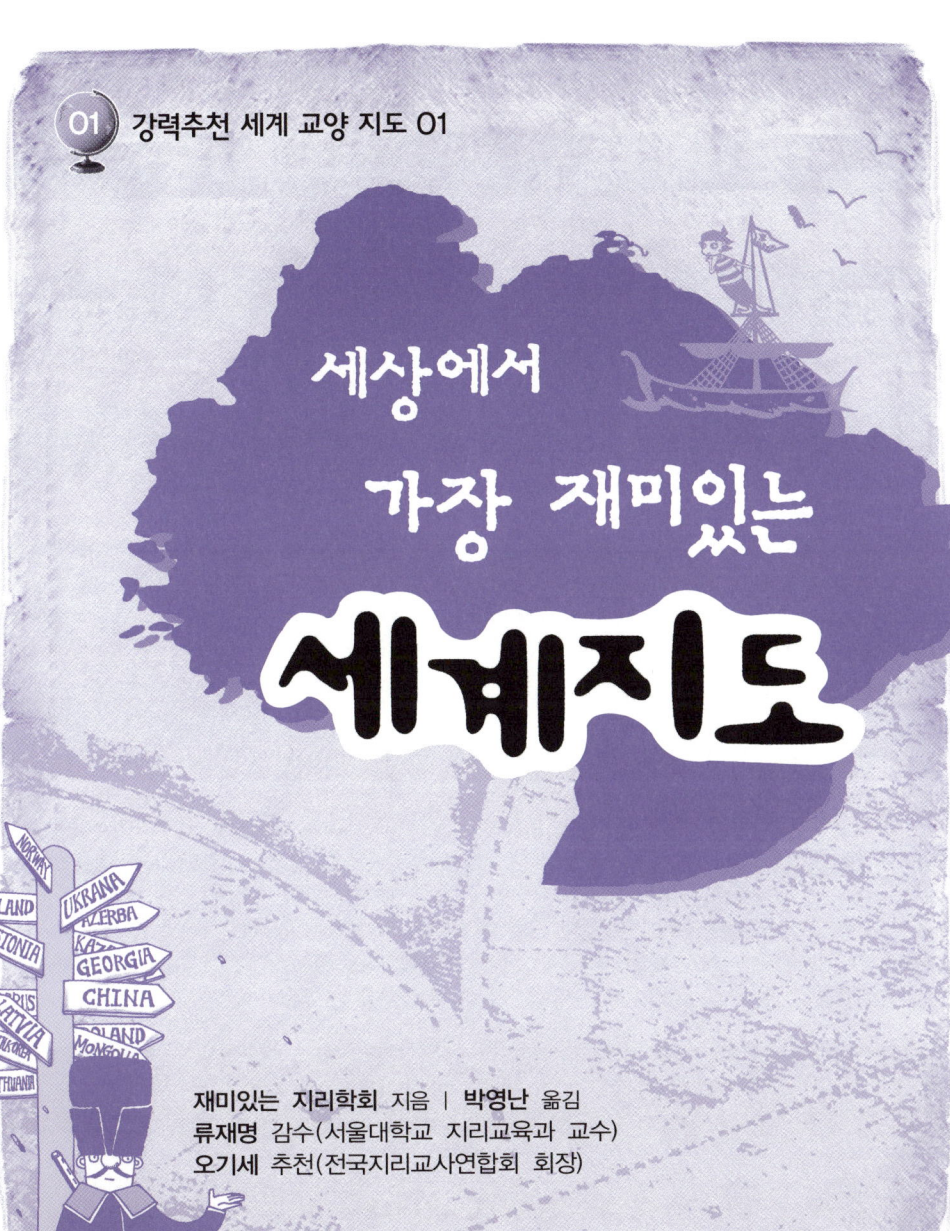

세상에서

가장 재미있는

# 세계지도

재미있는 **지리학회** 지음 | **박영난** 옮김
**류재명** 감수(서울대학교 지리교육과 교수)
**오기세** 추천(전국지리교사연합회 회장)

북스토리

사람들은 "어디?"라는 장소를 묻는 질문을 자주 합니다. 예를 들어 친구에게 "요즘 어디에 사냐?" "고향은 어디라고 했지?" "어디로 여행 갔다 왔니?" 등의 질문을 합니다. 하지만 친구가 말한 '지역'이 어디에 있는지, 어떤 성격을 갖는 지역인지에 대하여 아는 바가 없으면, 다시 그 지역의 특성을 파악하기 위하여 많은 질문을 던져야 합니다.

우리가 새로운 외국 친구를 사귀게 되었다고 생각해봅시다. 예를 들어 그 친구가 "아프리카 짐바브웨에서 태어나 자랐고, 벨기에에서 대학을 다녔으며, 미국 시카고에서 1년간 생활하다가 지난 해 한국에 왔다"라고 했을 때, 짐바브웨, 벨기에, 시카고 등에 대하여 아는 바가 없으면, 그 친구가 한 말은 "X에서 태어나 자랐고, Y에서 대학을 다녔으며, Z에서 1년간 생활하다가 지난 해 한국에 왔다"와 마찬가지인 셈이 됩니다.

또, 그 외국 친구가 자기 나라로 돌아가 그곳 사람에게 "한국에 갔다 왔어"라고 할 때, 듣는 사람이 한국에 대하여 전혀 알고 있는 바가 없다면, 그 말은 "X에 갔다 왔어"라는 말과 같은 셈이 되고, 그 사람에게 있어서 너무나 어려운 방정식 문제가 되고 마는 것입니다.

한국에서 태어나 살고 있는 우리는 '한국'에 대한 '지식'을 공유하고 있기 때문에, '한국'이라는 지명을 말할 때, 이해 못 하는 사람이 없습니다. 그러나 우리나라에서도 잘 모르는 지명이 나오면, 그 지명은 'X'라는 이해할 수 없는 미지수가 됩니다.

오늘날 우리는 지구촌 사회에 살고 있습니다. 다른 나라에 살고 있는 사람들과 만나고 이야기를 나눌 기회가 많아졌습니다. 그런데 외국어만 배운다고 서로 대화가 되는 것은 아닙니다. 지리적 언어를 배워야 비로소 서로를 쉽게 이해할 수 있게 되는 것입니다.

단어를 모르면 문장의 뜻을 이해하기 힘든 것처럼, 대화 과정 중에 언급되는 지명에 대한 지리적 지식이 없으면, 상대방의 말을 제대로 이해하지 못하게 되는 것입니다. 전체 문장의 맥락에서 각 단어가 갖는 의미가 해석될 수 있는 것처럼, 지명에 대한 지리적 이해를 할 때에도, 공간적 맥락에서 그 지역이 한국이나 세계에서 어떤 위치에 있으며, 어떤 의미를 갖는 지역인지를 해석할 수 있어야 합니다.

우물 안 개구리라는 말이 있습니다. 우물 안 개구리는 우물 밖의 세상에 대하여 잘 모릅니다. 그러니 다른 세계에 사는 개구리를 이해하기 힘듭니다. 우리가 아무리 21세기의 정보화 사회에서 휴대전화나 인터넷 등을 이용하여 이 세상 누구와도 쉽게 대화를 할 수 있다고 해도, 대화 상대자가 살고 있는 동네가 세계지도에서 어디쯤에 있는 곳인지조차 모른다면, 우물 안 개구리에 불과하다고 볼 수 있습니다. 우리가 동네를 오고가면서 일상생활을 하는 데 있어서 동네의 지도를 이해하는 것이 중요한 것처럼, 지구촌 사회에서는 세계지도를 이해하는 것이 필요합니다.

나는 지난 연말 우연한 기회에 북스토리 출판사로부터 번역 원고를 한번 읽어봐 달라는 부탁을 받았습니다. '재미있는 지리학회' 라는 재미있는 이름을 가진 모임에서 만든 일본 책을 번역한 원고였습니다. '교과서 밖에서 만나는 세계지도의 수수께끼'라는 부제가 말해주듯이, 학교의 지리 시간에 배우기 힘든, 재미나는 여러 가지 지리 이야기를 모아둔 유익한 책이었습니다.

나라마다 외국 지명을 표기하는 방식이 달라, 이 책에서 일본어로 표기된 외국 지명이 도대체 어디를 말하는 것인지를 일일이 확인하는 작업이 쉽지 않았지만, 내용이 재미나 즐겁게 읽었습니다. 지명 이외에도 이 책에 나오는 여러 가지 지리용어가 우리나라의 표기법에 맞는지 등을 검토하여 출판사에 원고를 보내고서는 언제 책이 나오나 하고 애를 태우며 기다렸습니다.

내용이 어렵지 않기 때문에 누구나 쉽게 읽을 수 있을 것이라고 생각합니다. 세계화 시대, 지구촌 사람으로서 교양을 넓히고자 하는 모든 사람들에게 일독을 권합니다.

서울대학교 지리교육학과

류재명

# 추천의 글

TV나 인터넷 등을 통하여 세계 여러 지역에 관한 정보를 많이 얻을 수 있는 세상이라지만, 세계의 여러 지역은 아직도 우리에게 설렘과 함께, 호기심을 불러일으키는 새로운 모습으로 다가옵니다. 그동안 학교에서 배운 세계의 여러 지역에 대한 지식들은 우리의 호기심을 해결해주기에는 충분하지 못한 점이 많습니다.

『세상에서 가장 재미있는 세계지도』는 여러 사건들과 지도에 얽힌 갖가지 흥미진진한 이야기들이 한데 어우러져 있어, 세계지도를 다른 시각에서 바라볼 수 있게 해주고, 그동안 미처 몰랐던 많은 정보를 얻을 수 있는 유익한 책입니다.

누구나 한 번쯤 가져봤을 법한 세계의 여러 지역에 대한 궁금증을 『세상에서 가장 재미있는 세계지도』를 통해 하나씩 풀어 볼 수 있습니다. 더 나아가 '지도를 통한 세상보기'로 우리의 삶을 더욱 풍부하게 하고 앞으로 나아갈 인생의 폭을 넓혀가는 데 많은 도움이 되기를 바랍니다.

전국지리교사연합회 회장

오기세

# CONTENTS

# CHAPTER 3
## 지형, 지리의 수수께끼 · 67

## CHAPTER **4**
## 지명, 국명의 수수께끼 · 99

## CHAPTER **5**
## 기후, 기상의 수수께끼 · 121

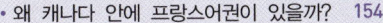

# CHAPTER **6**
## 지도, 국기의 수수께끼 · 153

## CHAPTER 7
# 명소, 토산품의 수수께끼 · 191

# CHAPTER 1
# 국경, 경계선의 수수께끼

## 날짜변경선은 왜 태평양 한가운데 있는 걸까?

미국으로 향하는 비행기 안에서 옆 승객이 창밖을 내려다 보며 투덜거리고 있다. "무슨 일이십니까?"라고 말을 걸자 "날짜변경선을 보려고 하는데 잘 안 보여요"라고 대답했다는 우스갯소리가 있다.

혹시나 해서 노파심에 말해두는데 날짜변경선은 태평양 한 가운데 있기는 하지만, 태평양 위에 선이 그어져 있는 것은 아니다.

우리가 알고 있듯 지구의 경도 기준은 영국의 그리니치 천문대를 지나 북극과 남극을 잇는 선으로, 그것을 기준선 '0도'로 하고 있다. 그리고 그 기준선의 서쪽과 동쪽으로 각각 180도 즉, 지구의 반대쪽에서는 12시간의 시차가 생긴다. 그 선을 하루의 끝으로 정해서 날짜변경선이 그어진 것이다.

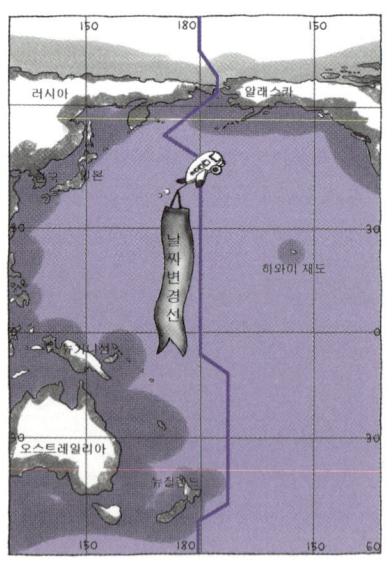

날짜변경선이 태평양 한 가운데 있는 것은 정말로

안성맞춤인 셈이다. 작은 섬들을 피했기 때문에 사람들이 살고 있지 않아 날짜가 바뀌어도 불편을 겪을 사람이 별로 없는 것이다.

특히 이 날짜변경선은 북으로는 알류샨 열도(미국)와 캄차카 반도(러시아) 사이, 남으로는 뉴질랜드 동쪽에서 일부 휘어져 있다. 같은 나라 안에서 날짜가 바뀌는 것을 방지하기 위해 휘어져 있는 것이다.

참고로 태평양 상공을 날아가는 비행기 중에는 "지금 날짜변경선을 통과하고 있습니다"라고 기내방송을 해주는 곳도 있다.

## 인접해 있는 나라이면서 국경선이 없는 곳은?

바다로 둘러싸여 있는 섬나라에는 국경선이 없다. 그런데 육지로 이어져 이웃해 있는 나라이면서 국경선이 없는 곳도 있다. 과연 그곳은 어디일까?

그곳은 아프리카 남부의 잠비아, 짐바브웨, 보츠와나, 나미비아의 4개국이 만나는 지점이다. 이 4개국은 서로가 국경선이 아니라 점으로 접해 있는 것이다.

또 동남아시아의 '골든트라이앵글'에도 국경선이 없는 곳이 있다. 이곳은 일찍이 아편 재배, 밀조로 알려진 곳인데 타이, 라오스, 미얀마 3개국으로, 역시 국경선이 아닌 '국경점'으로 접해 있다. 단, 골든트라이앵글의 경우에는 강이 국경으로 되어 있기 때문에 그 국경점은 국경이 되는 강의 중앙 부분이 된다.

참고로 세계에서 국경선이 가장 긴 곳은 미국과 캐나다 사이로 6,400킬로미터나 된다.

반대로 가장 짧은 곳은 로마에 있는 바티칸과 이탈리아 사이로 4킬로미터이다.

## 백야를 볼 수 있는 남극권과 북극권은 어디부터?

과거에 전 세계를 감동시킨 '백야(White Nights)'라는 영화 때문에 백야에 대한 관심이 집중됐던 적이 있었다. '백야란 무엇인가?' '백야는 언제 오는가?'라는 질문이 끝도 없이 쇄도했던 것이다.

백야는 하루 종일 태양이 지지 않거나, 밤 10~11시 무렵까지 대낮처럼 밝은 현상을 말한다. 그중에서 태양이 하루 종일 지지 않는 지역이 각각 북극권, 남극권으로 불리고 있다. 위도로 말하자면 66.5도보다 고위도인 지점에서는 태양이 지지 않는 날과 태양이 뜨지 않는 날이 생기는 것이다.

백야를 체험해보지 못한 사람들 중에는 '하루 종일 바깥이 밝으면 잠이 안 오지 않을까?' 하는 의문이 생기는 사람도 있겠지만, 두꺼운 커튼을 치면 실내는 깜깜해지기 때문에 그런 걱정을 할 필요는 없다.

## 우주에서 보면 국경선이 있을까?

'지구는 푸르렀다' 라고 말한 것은 인류 최초의 우주비행사 가가린이다. 지구는 육지와 바다의 비율이 3대 7로, 어쩌면 '수구(水球)'로 부르는 쪽이 어울리겠지만 우주선이 지구에 접근해옴에 따라 산맥이나 사막, 대평원 등 육지의 모습도 크게 눈에 들어온다.

우주선이 보내오는 그런 육지의 영상을 보면서 '우주선에서 보이는 육지에는 인류가 제멋대로 그어놓은 국경 따위는 존재하지 않는다' 라고 하는 사람도 있다.

그런데 그 영상을 자세히 들여다보면 지구상에는 국경이 확

실하게 보이는 곳도 있다.

예를 들면 미국의 남 캘리포니아와 멕시코 사이에는 국경선이 뚜렷하게 나타난다.

그 이유는, 미국 쪽은 개발된 농지가 펼쳐져 있어 계절에 따라 청색이나 갈색으로 보이지만, 멕시코 쪽은 미개발된 황무지가 펼쳐져 있기 때문이다.

나라마다 다른 경제력이나 농업기술의 차이가 지구에 국경을 긋고 있는 것이다.

# 중동이란 어디부터 어디까지를 말하는 걸까?

국제 뉴스를 보다 보면 중동평화교섭이나 중동전쟁이라는 말이 자주 등장하곤 한다. 그 때문에 '중동'이란 말을 들으면 이스라엘이나 요르단과 같은 나라들을 떠올리는 사람들이 많을 것이다.

'그럼 이 두 나라 이외에 중동에 포함될 나라는?'이라는 질문을 듣고 명확하게 대답할 수 있을까?

사실은 국제사회에서도 어디에서 어디까지가 중동인지 확실하게 정의를 내리지 못하고 있다.

원래 '중동(中東 ; Middle East)'이라는 말이 처음으로 쓰인 것은, 1902년 미국의 해양 전략가 알프레드 머핸이 잡지 『내셔널 레뷰』에 게재한 논문이었다고 한다.

그 논문 중에서 머핸은 러시아와 영국의 전략적 패권을 검증하여, 양국 간의 투쟁의 무대가 된 수에즈에서 인도까지의 거대한 일대를 중동으로 불렀다.

그 이유는 그때까지 유럽인들이 불러왔던 아시아 동부의 '극동(極東 ; Far East)'과 지중해 동해안 및 소아시아, 발칸반도까지인 '근동(近東 ; Near East)'의 중간 지점에 위치해 있었기 때문에 '중동'으로 했다고 한다.

그러나 머핸이 처음부터 명확한 구분을 짓지 않았기 때문

에 그 후에도 '중동'이란 말은 애매한 채 그대로 사용하게
된 것이다.

## 터키는 아시아? 아니면 유럽?

2002년 월드컵 대회의 아시아 예선에는 이란, 이라크는 물
론 카자흐스탄이나 우즈베키스탄도 참가했다. 그러나 이란이
나 이라크와 국경을 접하고 있는 터키는 유럽 예선에 참가하
여 멋지게 유럽 예선을 돌파해 본선에 진출했다.

명확히 말하자면 터키는 지리적으로 국토의 97%가 아시아 쪽에 속해 있고, 유럽 쪽은 3%밖에 되지 않는다. 그러나 터키 최대의 도시 이스탄불은 과거 동로마제국의 수도였고, 지금도 아시아제국보다 유럽과의 연결이 강하다.

결국 터키는 아시아 같기도 하고 유럽 같기도 한, 정말 애매한 나라인 것이다. 인종적으로 봐도 동서 문화의 접점에 위치한 터키는 긴 역사 속에서 혼혈을 거듭해왔다. 그 때문에 유럽계에 가까운 사람들도 있는가 하면, 아시아계 터키인들도 많이 있다. 또 모국어인 터키어나 대부분의 국민이 신자라고 하는 이슬람교를 보면, 지금은 서아시아와의 연결이 강하다고 볼 수도 있다.

그러나 한편으로는 정치적으로 이슬람제국에 속해 있으면서, 제2차 세계대전 시에는 나토(NATO)에 가입했다.

따라서 터키의 정치적인 태도를 보면 서아시아의 이슬람제국과도, 유럽과도 사이좋게 지내고 싶다는 바람이 엿보인다.

## 강이 국경인 경우, 어느 쪽이 국경선이 될까?

세상에는 강이 국경이 되는 경우가 적지 않게 있다. 그러니 그곳에서 수영을 즐기다 보면 '절대로 강 건너편으로 접근하지 말 것!'이라는 주의를 받기도 한다.

그때 '왜?'라고 되묻는 것은 국경선을 가지고 있지 않은 섬나라 사람들 정도일 것이다. 그래도 시험 삼아 물어보면 경비병에게 사살당할 것이라는 대답을 듣게 마련이다. 다시 말해, 강 건너편으로 접근하면 밀입국자로 오인하여 경비병에게 사살당해도 할 말이 없다는 소리다.

그럼 강의 어디까지 수영해 가면 경비병의 총탄 세례를 받을 위험에 처하는 것일까?

일반적으로 하천이 국경인 경우, 배가 다닐 수 없는 곳에서는 하천의 중앙선이 국경이 되고 있다. 그러므로 하천의 중앙을 넘으면 국경 침범이 되는 것이다.

또 배가 다닐 수 있는 하천에서는 주가 되는 항로의 중앙선으로 구분하도록 되어 있다. 이 경우도 대개는 하천의 중앙선이거나 그에 가까운 곳이다.

가끔 하천의 형태가 변화하면서 주요 항로가 어느 쪽이든 한쪽 나라에 포함돼버리는 일이 있는데, 그런 경우에는 양국의 합의 하에 국경선이 미묘하게 이동되기도 한다.

또 합의가 순조롭지 않을 경우, 티그리스 유프라테스 강을 둘러싼 국경 문제가 전쟁의 한 원인이 된 이란과 이라크처럼 분쟁이 생기기도 한다.

# 북미, 남미는 대륙인데 왜 중남미는 작은 나라로 나뉘어져 있을까?

'아메리카 대륙의 북쪽과 남쪽은 이어져 있을까?' '바다를 사이에 두고 떨어져 있을까?' 라고 물어보면 멕시코에서 남미 대륙으로 이어지는 지형을 떠올리며 고개를 갸우뚱거리는 사람들도 있을 것이다.

사실은 지극히 좁아지기는 하지만 간신히 육지로 연결되어 있다. 그 좁은 육지를 뚫은 곳이 파나마 운하로, 태평양과 대서양이 그곳을 통해 연결되어 있는 것이다.

멕시코 남쪽의 잘록한 그 좁은 지형에는 과테말라, 벨리즈, 온두라스, 엘살바도르, 니카라과, 코스타리카, 파나마라고 하는 7개나 되는 나라가 존재한다. 그렇게 된 것은 지배자들이 각자의 이익을 우선시한 역사가 있기 때문이다.

원래 중미 각국은 스페인의 식민지였는데 멕시코 독립에 자극을 받아 벨리즈와 파나마를 뺀 5주(州)가 1823년 '중미연합'으로 독립했다.

그러나 식민지 시대에 부를 축적했던 대토지 소유자들, 거상, 군인들은 독립한 후에도 이익을 지키는 일을 우선시했고, 각자 대립하다 1838년, 결국 5개의 공화국으로 나뉘어진 것이다.

또 인종적으로 봐도 과테말라에는 인디오로 불리는 원주민이 많고, 엘살바도르나 온두라스에는 스페인계 백인과 원주민들의 혼혈이 많다.

그리고 코스타리카에는 스페인계 백인이 압도적으로 많은 등 나라에 따라 인종이 미묘하게 다른 점도 분립의 한 원인이 되었다. 거기에다 파나마는 1903년에 콜롬비아에서 독립하였고, 또 영국령 온두라스라고 불렸던 벨리즈는 1981년에 독립했다.

# 바다에도 경계가 있을까?

　나라와 나라 사이에 국경이 있듯이 바다와 바다 사이에도 경계선이 있다. 하지만 국제수로기관의 기준에 의한 태평양과 인도양의 경계는 웬만한 지도 마니아가 아니라면 그것을 지명으로 더듬어 찾기란 어려운 일일 것이다. 흥미 있는 사람은 지도를 보면서 확인해봐도 좋다.

　차근차근 태평양과 인도양의 경계를 더듬어가자면, 우선 미얀마, 타이, 말레이시아의 서해안선을 남하해서 싱가포르 남단까지 이른다. 그리고 말라카 해협을 포함하여 수마트라 서

해안에서 자바 섬, 숨바 섬을 지나간다.

로티 섬에서 오스트레일리아 북서부의 다윈 근처에 있는 런던 델리 곶에 이르고 오스트레일리아 서해안을 남하한다. 그리고 오스트레일리아의 남해안을 돌아 애들레이드를 지나 오트웨이 곶에서 태즈메이니아 섬 그린 곶으로, 태즈메이니아 섬 서해안을 돌아 최남단인 사우스 이스트 곶에서 남극에 이르는 동경 146도 49분 25초의 경도선으로 되어 있다.

또 태평양과 대서양의 경계는 북미 대륙에서 남미 대륙의 서해안을 남하, 최남단인 혼 곶에서 남극 대륙에 이르는 서경 67도 16분인 경도선이다.

참고로, 대서양과 인도양의 경계는 노르웨이에서 프랑스, 스페인, 아프리카 대륙의 서해안을 남하하여 최남단인 아굴라스 곶에서 남극 대륙에 이르는 동경 20도의 경도선으로 되어 있다.

# 민족분쟁을 불러일으키는 아프리카 국경?

아프리카에는 한 나라에서 여러 종류의 언어가 사용되는 일이 있다. 그 때문에 축구 같은 스포츠의 대표 팀에도 같은 국민이면서도 선수끼리 말이 통하지 않는 경우가 있다고 한다.

이것은 한 나라에 여러 민족이 공존하기 때문이다. 그렇게 된 이유는 아프리카의 국경에 직선이 많은 것과도 연관되어 있다.

아프리카의 대지는 19세기부터 20세기에 걸쳐 유럽 여러 나라들에 의해 분열되었다. 프랑스, 영국, 벨기에, 독일, 이탈리아, 스페인, 포르투갈 등이 식민지 지배에 뛰어들어 아프리카를 제멋대로 분할한 것이다.

그들이 경계선을 정할 때, 어느 정도는 예로부터 내려온 왕국이나 민족의 세력 범위를 고려했다. 그 경우에는 하천이나 산맥 등이 국경이 되었다.

그런데 그러한 선 긋기가 귀찮은 부분들은 열강들이 지도상에서 멋대로 규정해서 선을 긋기로 타협해버렸다. 그 때문에 직선적인 국경이 많아진 것이다. 특히 사하라 사막이나 칼라하리 사막 주변은 변변한 조사도 없이 멋대로 분할되었기 때문에 일직선인 국경선이 되었다.

물론 여러 열강들은 국경선을 정할 때 그곳에 살고 있는 민

포르투갈 · 터키 · 모로코 · 이란 · 알제리 · 리비아 · 이집트 · 사우디아라비아 · 말리 · 니제르 · 차드 · 수단 · 예멘 · 나이지리아 · 케냐 · 탄자니아 · 콩고민주공화국 · 앙골라 · 잠비아 · 남아프리카공화국

자꾸 잴 듯한걸!

족들에 대해서도 모두 무시해버렸다. 그 결과, 같은 민족이 두 개의 나라로 분리돼버리거나, 이민족인데도 같은 나라로 묶여져버린 일들이 적지 않았던 것이다.

현재까지 아프리카에서 민족분쟁이 많이 일어나는 원인은 이런 식으로 국경선을 정했던 방법에 있는 것이다.

## 미국의 주 경계는 어떻게 일직선으로 나뉘어져 있을까?

어느 유명 마라톤 선수는 평소에 미국의 콜로라도 주 볼더에서 연습을 한다고 한다. 그곳은 로키 산맥의 기슭으로, 해발 약 2,000미터이다. 기복이 심한 고지를 달리면서 심폐기능을 높이는 것이다.

콜로라도 주 부근의 미국 지도를 보면 미국의 중부, 서부에서는 주 경계선이 일직선으로 되어 있다는 것을 알아차릴 수 있다. 로키 산맥이나 하천 등을 주 경계로 하지 않고, 마치 자를 대고 선을 그은 것처럼 주가 나뉘어져 있는데, 그 이유는 서부 개척 시대의 토지 정책에 있다고 한다.

독립한 지 얼마 안 지났을 무렵의 미국은 영국과의 전쟁으

로 엄청난 액수의 전쟁 비용을 소모하고 큰 빚을 지고 있었다. 그 빚을 갚기 위한 수단으로 당시의 연방정부가 주목한 것이 서부의 광대한 토지였다.

정부는 1785년 공유지 법령을 정해 우선 서부의 모든 토지를 사방 6마일(약 10킬로미터)로 나누었고, 그것을 사방 1마일 36구획으로 분할했다. 그중 5구획을 공립학교나 연방정부 용지로 빼고, 남은 31구획을 640달러에 매각한 것이다.

2년 후인 1787년에는 북서부령을 제정하여 연방정부에서 지사를 파견했다. 그리고 주민들 가운데 성인 남자가 5천 명이 되면 준 주로서 자치를 인정하고, 6만 명이 되면 주로 승격할 수 있도록 했다.

이 두 가지 법률에 근거하여 토지를 다루고 잇달아 주로 승격시켰기 때문에 주 경계가 일직선이 된 것이다.

## 서부극에서 말하는 서부는 어디일까?

미국의 샌프란시스코가 골드러시로 번성했던 때는 1800년대 중반 무렵이었다. 이 골드러시로 인구가 급증한 샌프란시스코는 개발도 급진전되어 캘리포니아가 주로 승격되는 것도 빨랐다.

미국의 서부 개척이라고 하면 동해안에서 점차 서쪽으로 진행되었다고 생각하기 쉽지만, 사실은 샌프란시스코나 로스앤젤레스와 같은 서해안은 로키 산맥을 낀 지역을 건너뛰어 먼저 발전했다.

따라서 서부극에서 말하는 '서부'는 미국 중부와 서해안 사이의 지역을 가리키는 일이 많다. 현재의 주로 말하자면 아이다호, 네바다, 유타, 애리조나, 뉴멕시코, 몬태나, 콜로라도 등이다.

서부극에는 마차가 메마른 토지의 흙먼지를 휘날리며 달려가는 장면이 자주 등장하는데, 그 광경은 애리조나나 뉴멕시

코에서 볼 수 있는 풍경이다. 지금도 마차가 자동차로 바뀌었을 뿐, 한 발짝 도시를 벗어나면 서부의 풍경은 그다지 변한 것이 없다.

## 알쏭달쏭한 아라비아제국의 수수께끼란?

이란과 이라크는 이웃한 나라이다. 이름도 비슷하다. 그러나 이란은 페르시아인들의 나라이고, 이라크는 아라비아인들의 나라이다. 민족적으로는 전혀 다르다.

우리들의 시각으로는 이란도 이라크도 모두 아라비아제국으로 보이지만, 실제로는 이라크는 거기에 포함될지언정 이란은 전혀 아니다.

그럼 그 '아라비아제국' 은 어디에서 어디까지의 나라를 가리키는가? 사실 그 정의는 확실치 않다.

예를 들면 시리아의 아라비아인은 피부색이 하얀데 비해, 이집트 남부나 수단 등지의 아라비아인들은 검은 피부를 가졌다. 따라서 눈으로 봐서는 아라비아인들을 구분 지을 수는 없다.

또 1945년에는 '아라비아연맹' 이라는 조직이 창설되었다. 이는 아라비아 국가들의 상호협력을 목적으로 하고 있고, 현재 사우디아라비아, 쿠웨이트, 카타르, 아랍에미리트, 이라크, 요르단, 이집트, 수단 등의 팔레스타인해방기구(PLO)도 참가하고 있다.

그 가맹국 사람들을 아라비아인으로 부를 수도 있지만, 그것도 애매함이 남는다. 그 이유는 본래 아라비아어는 코란의 말이라 이슬람교와 연관되어 있기 때문이다. 즉, 아라비아인은 아라비아어를 모국어로 하는 이슬람교도인 사람들을 말하는 것이다.

그러나 시대의 변화와 함께 아라비아어와 이슬람교가 분리되어, 아라비아어는 사용하지만 이슬람교도가 아니거나, 이슬람교도이지만 아라비아어를 생활어로 사용하지 않는 사람들도 나오고 있다.

결국 '아라비아'란 민족적인 개념이 아니므로, 역사나 지리, 정치와 문화 등과 같은 조건을 맞춰 종합적으로 이해해야 할 개념이라고 할 수 있을 것이다.

1 장 · 국경, 경계선의 수수께끼

## 네덜란드와 벨기에, 두 개의 바롤 거리가 생긴 이유는?

본토에서 떨어진 영토 중에 세상에서 가장 넓은 곳은 미국의 알래스카 주다. 그곳은 1867년, 미국이 러시아로부터 산 것이기 때문에 본토와의 사이에 캐나다를 끼고 있다.

이에 반해 본토에서 떨어진 영토 중에 가장 재미있는 곳은 본토 벨기에에서 멀리 떨어진 '바룰 낫소'라는 거리인데, 네덜란드의 최남단에 위치해 있다.

재미있다는 표현을 쓴 이유는 바룰 낫소 거리에는 벨기에의 영토가 21곳이나 점재해 있기 때문이다. 게다가 그 안에는 네덜란드령도 8군데나 있다.

이런 묘한 거리가 생겨난 근본적인 이유는, 일찍이 네덜란드와 벨기에가 함께 스페인령이었던 시대로 거슬러 올라간다. 1198년, 브라벤트 공작이라는 영주가 후에 낫소 백작이 되는 다른 영주에게 자신의 영지인 바룰 마을을 양도한 사실에 유래한다.

그때 공작은 마을의 토지 모두를 양도하지 않고 토지를 잘게 나누어 남겨두었다. 그래서 하나의 마을이 바룰 낫소(낫소의 바룰)와 바룰 헬트호(공작의 바룰)로 나눠지게 되었다.

바룰 마을은 국경 표시는 없고 집의 번호 표시가 있을 뿐이다. 통화는 네덜란드의 길더와 벨기에의 프랑, 양쪽 모두 쓰이고 관공서나 경찰, 학교와 같은 공공기관은 모두 각 나라의 것이 존재하고 있다.

벨기에에는 또 다른 재미있는 장소가 있다. 자세한 지도로 독일과 벨기에의 국경선을 잘 살펴보면 이상한 것을 느끼게 된다. 국경을 나타내는 선이 두 개로 나뉘어져 있는 곳이 4군데 정도 있는 것이다.

그리고 그 두 개의 국경 사이에는 벨기에의 철도가 달리고 있다. 즉 선로 부지 부분이 벨기에령이고 그 양편이 독일령인 것이다.

지도를 보면 선로 부분만 길고 가늘며 벨기에령이 독일령에 끼어 있는 것처럼 보인다. 대체 어찌된 일일까?

실은 이 철도는 화물 전용인 벨기에의 국유철도이다. 긴 역사 속에서 국경선을 몇 번이고 변경하는 동안 벨기에 철도만이 독일 영내에 남겨져 그 선로용 토지만이 벨기에령인 채 남아 있다는 소리다.

따라서 이 지역의 독일 주민들은 선로 건널목을 지날 때마다 '벨기에령'을 횡단하게 되는 것이다.

# CHAPTER 2
# 마을, 도시의 수수께끼

## 이민자의 마을인 할리우드가
## 영화의 도시가 된 이유는?

여기는 영화의 도시 할리우드. 식사시간이 되자 식당에 사람들이 몰리는 모습은 다른 어느 곳의 풍경과도 다름이 없어 보인다. 하지만 식당 안을 들여다보면 멕시코인 등 중남미계 사람들이 일하고 있고, 손님들도 아시아계, 중남미계 사람들이 대부분이다.

이는 세계 곳곳에서 찾아오는 이민자들로 붐비는 할리우드다운 광경인데, 원래 이 할리우드는 19세기 말부터 20세기에 걸쳐 이탈리아계와 유태계 이민자들에 의해 만들어진 도시이다.

이 이민자들의 거리가 현재와 같은 영화의 도시가 된 것은 화창한 날씨를 가진 최적의 환경 덕분이다.

사막지대에 있는 할리우드는 일 년 내내 맑고 푸른 하늘을

자랑하는 곳이다. 그 때문에 영화 촬영 계획을 세우기 쉽고, 일정을 순조롭게 소화할 수 있다. 즉, 연일 비가 내려 일정에 차질이 생기면 그만큼 영화 제작비가 부담스러워지지만, 할리우드에서 촬영을 하면 그런 위험은 줄어드는 것이다.

게다가 맑은 날에 촬영용 비를 내리게 하는 일은 간단해도 비가 오는 날에 태양을 만들어내는 것은 불가능한 일. 영화 촬영에는 그저 맑은 날이 많은 곳이 최고다.

## 하와이는 어떻게 미국 땅이 되었을까?

누구나 가는 하와이라며 하와이를 우습게 생각하는 사람들이라도 한 번 그 땅에 발을 들여놓으면 '와! 최고다!' 라는 말로 태도를 180도 바꿔버린다. 맑은 하늘에 상쾌한 기후, 뭐든지 편안하고 느슨한 분위기, 실로 낙원이라고 부르기에 지나치지 않는 느낌을 받을 것이다.

이 남쪽 낙원이 미국령이 된 것은 제2차 세계대전 후인 1959년의 일이다. 그때 주 승격에 큰 역할을 담당한 것은 일본으로부터 온 이민자들이었다.

하와이가 미국과 관계를 맺은 것은 미국의 남북전쟁 시절

부터이다. 남부로부터 사탕수수 공급이 끊어진 북부는 하와
이산 사탕수수를 대량으로 수입한다. 덕분에 하와이의 사탕
수수산업은 발전했지만, 그 결과 하와이는 경제적으로 미국
에 의존하게 된 것이다.

19세기 말이 되자 미국의 대통령 루스벨트가 해양국가 건
설 구상안을 내놓는다. 이로 인해 하와이는 경제뿐만 아니라
군사적으로도 미국의 주목을 받게 된다.

이러한 움직임에 위기감을 느낀 여왕 릴리오칼라니는 극비
로 왕권을 크게 강화시킨 새로운 헌법 발표를 계획하지만, 그
것이 미국에 알려지면서 출동한 미국군에게 저지를 당하게
된다. 이 쿠데타로 1894년에 미국을 배경으로 한 하와이 공
화국이 성립됐고, 결국 4년 후에는 미국령이 된 것이다.

1900년, 하와이는 준 주가 되었고 제2차 세계대전 후에는
주 승격을 요구하는 목소리가 높아진다. 이 운동의 중심이 된
것이 태평양전쟁에서 미군 병사로 싸운 일본인들이었다. 그
들은 하와이의 주 승격을 거부하는 미국의 의회로 의원을 보
내, 결국 정식 주로서 인정받게 한다.

미국의 성조기는 붉은색과 푸른색의 13줄과 50개의 별로
구성되어 있다. 13개의 줄은 독립 당시의 13주를 의미하고
50개의 별은 현재의 50주를 나타내는 것인데, 그 50번째 별
이 바로 하와이다.

# 미국의 우주개발기지가 남부에 집중되어 있는 이유는?

사상 최초로 달 착륙에 성공한 아폴로 11호는 플로리다 주에 있는 케네디 우주센터에서 발사되었다. 또 텍사스 주 휴스턴에 위치한 그 유명한 나사(NASA)도 세계 곳곳으로부터 관광객들을 부르고 있다.

이들을 보면 알 수 있듯이 미국의 우주개발기지는 남부에 집중해 있는 것을 알 수 있는데, 그 이유는 남부에 군사 관련 시설이 집중해 있기 때문이다.

남북전쟁에서 패한 남부는 북부에 비해 개발이 뒤처지고 있었다. 그 때문에 20세기로 접어들면서 북부를 따라잡기 위한 대규모 개발이 행해졌다.

예를 들면 TVA(테네시 주 유역개발공사) 건설도 그중 하나였지만, 이런 대규모 개발은 전후의 냉전시대, 군사산업으로 연결 지어지게 된다. 실제로 원폭제조공장은 TVA의 전력을 이용할 수 있는 오크리지에 건설되었다.

또한 군사 관련 산업은 광대한 용지를 필요로 하기 때문에 용지가 풍부한 남부는 그 조건을 골고루 갖추고 있었고, 남부가 석유나 천연가스 자원의 축복을 받았던 점도 절호의 조건이었던 것이다.

항공우주산업과 군사산업은 모두 과학기술의 최첨단 산업이다. 그리고 항공우주 관련 시설도 광대한 용지를 필요로 한다. 그 때문에 항공우주 관련 시설은 자연히 군사 관련 기업이나 연구소 근처에 건설되어 남부에 집중하게 된 것이다.

## 뉴욕이 빌딩의 도시가 된 이유는?

미국을 습격한 동시다발 테러로 국제무역센터(110층 건물로 442.8미터였다)는 붕괴해버렸지만, 그 밖에도 뉴욕에는 엠파이어스테이트 빌딩(102층 건물로 381미터)을 시작으로 크라이슬러 빌딩이나 팬 미국 빌딩 등과 같은 초고층 빌딩이 즐비하게 늘어서 있다.

그러나 빌딩이 세워진 곳은 뉴욕의 맨해튼 섬뿐이다. 이 섬에 지금처럼 초고층 빌딩이 집중해 있는 이유는, 입지 조건이 좋고 강한 암반으로 지진이 없기 때문이다.

원래 17세기, 처음 맨해튼 섬에 상륙한 사람들은 네덜란드 사람들이었다. 가늘고 긴 만과 강이 천연의 항구를 만들고 있는 입지 조건을 한눈에 찍은 그들은, 이곳을 '뉴 암스테르담'이라고 이름 지었다.

그런데 18세기에 들어서자 역시 맨해튼 섬에 눈독을 들인 영국 함대가 네덜란드 사람들을 내쫓아 점령하고, 요크 공을 기념하여 '뉴욕'이라고 불렀다.

그리고 뉴욕은 동부 개척의 중심이 되어 미국 독립 후에 일시적으로 수도가 되기도 했다. 그 후 수도는 필라델피아 워싱턴으로 옮겨졌지만, 뉴욕은 동부의 중심 도시로서 발전을 거듭해왔다.

그곳에 고층 빌딩이 세워지게 된 것은 제1차 세계대전 후 세계 경제의 중심이 영국에서 미국으로 옮겨지게 될 무렵이다. 그때 맨해튼 섬이 주목을 받게 된 것은 바로 강한 암반 때문이었다. 빙하기에 빙하가 표면의 흙을 깎아낸 덕분에 이 섬의 지반은 오래된 단단한 암반이 노출돼 있었던 것이다.

굳건한 암반 때문에 아무리 높은 빌딩을 올려도 지반은 흔들리지 않는다. 그 때문에 맨해튼 섬에는 고층 빌딩이 잇달아 건설된 것이다. 하지만 이 땅에 세워진 고층 빌딩은 늘 지진이 아닌 테러로 멍들고 있다.

## 미국에서는 왜 최대의 도시가 주도가 아닐까?

미국의 캘리포니아 주에는 우리들에게 잘 알려져 있는 로스앤젤레스나 샌프란시스코와 같은 대도시가 있다. 그 캘리포니아 주의 주도가 어디냐고 물으면 대개의 사람들은 당연히 로스앤젤레스나 샌프란시스코라고 생각할 것이다.

그런데 정답은 그 어디도 아니다. 주 최대의 도시 로스앤젤레스도, 일찍이 주 안에서도 가장 빠른 발전을 거듭한 샌프란시스코도 아닌, 새크라멘토라는 평범한 도시가 주도이다.

그것은 비단 캘리포니아뿐만이 아니다. 뉴욕 주의 주도도 인구 750만 명인 미국의 최대 도시 뉴욕이 아니라 인구 10만

명인 올바나라는 소도시이다. 거기다 휴스턴이 있는 텍사스
주의 주도는 오스틴이고, 시카고라는 대도시가 있는 일리노이
주의 주도는 스프링필드라는 작은 도시이다. 하기야, 미합중
국의 수도를 봐도 최대의 도시인 뉴욕이 아니라 워싱턴 D.C.
이지 않은가.

　미국인들은 예로부터 정치의 중심과 경제의 중심을 나눈다
는 생각을 가지고 이를 실행해왔다. 그 때문에 그 주에서 최
대의 도시라고 해서 주도로 정하지는 않는 것이다.

　시끄러운 대도시에서 멀리 떨어진 조용한 장소에서 정치를
하는 것이 미국의 방식이라고 말해도 좋을 것이다.

## 브라질의 수도 브라질리아에는 왜 신호등이 없을까?

　대통령이 이용하는 전용차는 신호등에 걸릴 일이 없다. 진
행할 때에는 눈앞의 신호가 모두 녹색으로 바뀌기 때문인데,
이것은 어느 나라에서나 마찬가지이다. 대통령이나 수상은
신호 대기를 하지 않아도 되도록 사전에 연락을 받은 경찰관
이 신호를 조작해놓는 것이다.

그런데 브라질의 수도 브라질리아만은 경찰관이 신호를 조작할 필요가 없다. 1960년, 리우데자네이루에서 수도가 옮겨진 브라질리아에는 신호등 그 자체가 거의 설치돼 있지 않기 때문이다.

브라질리아는 처음부터 철저하게 계획된 도시다. 이른바 '수도용' 도시인 것이다. 그곳의 주요 도로는 모두 입체교차로로 되어 있다.

또 보통 시민들은 거의 살고 있지 않기 때문에 교통량이 적어 굳이 신호등을 설치하지 않아도 자동차들이 순조롭게 빠진다.

이 브라질리아는 브라질인 건축가 루시오 코스타에 의해 설계되었다. 이 도시의 조감도가 처음 발표됐을 때, 그 기발한 도시상은 전 세계에 충격을 주었다. 거리 전체가 마치 날개를 펼친 비행을 위에서 내려다본 것 같은 모습으로 디자인되었기 때문이다.

비행의 기수에 해당되는 부분이 시의 중심부로 광장이 있고, 그 주변에는 국회의사당이나 법원, 행정원 등이 늘어서 있다. 또 비행 날개 부분에는 공무원들과 그 가족들이 사는 고층 아파트가 있고, 동체 부분에는 주요 도로가 뻗어 있다.

그런데 이 신도시 건설에 들어간 막대한 비용 때문에, 브라질 경제는 인플레이션이 발생하여 대혼란을 겪게 되었다. 그 때문에 수도 이전을 실현한 쿠비체크 대통령은 군사정권에 의해 추방당하고 말았다.


## 세상에서 가장 높은 곳에 있는 수도는?

　2002년 월드컵 축구 남미예선에는 12개국이 참가하여 결전을 치렀다. 축구 왕국 브라질이 예상 외로 고전한 것이 화제가 됐었는데, 당시 또 하나 커다란 화제로 대두된 것은 볼리비아에서의 시합이었다.

　볼리비아의 수도 라파스(헌법상의 수도는 '수크레'이지만 라파스는 사실상의 수도이자 최대의 도시이다)는 세계에서 가장 높은 곳에 있는 수도로 알려져 있다. 높은 산 정상에서 축구를 하는 것과 다름없는 볼리비아에서의 시합 때문에, 브라질이나 아르헨티나, 파라과이와 같은 강호국의 선수들조차 초주검이 돼버린 것이었다.

　라파스는 안데스 산맥의 중반쯤에서 펼쳐지는 고원지대에 있다. 해발이 높기 때문에 적도에 가까운 것에 비해서는 시원하여 옛날부터 사람들이 생활해왔다.

　그러나 고원지대에서는 공기가 희박하여 걷거나 뛰면 몸에

큰 부담이 오게 마련이다. 그런 곳에서 90분간에 걸쳐 뛰어
다니는 축구를 한다면 당연히 몸에 큰 영향을 미쳐, 볼리비아
에서의 시합은 '죽음의 길'이라고 일컬어질 만큼 선수들에겐
엄청난 부담을 가져왔다.

실제로 본선 진출을 걸고 라파스에서 싸운 브라질은 1점의
선제골을 넣기는 했지만, 금방 지쳐버려서 완전히 역전당해
버렸다. 하수라고 보았던 볼리비아에게 1 대 3으로 참패해버
린 것이다.

결국 브라질은 예선 최종전에서 베네수엘라를 꺾고 간신히

출장권을 획득했지만, 볼리비아에 지는 것을 보고 예선 탈락
하는 것은 아닐까 걱정했던 팬들도 적지는 않았다.

라파스에서의 시합에서 브라질 최대의 적이 된 것은 볼리
비아의 선수들뿐만 아니라 해발의 높이였던 것이다.

# 소도시 캔버라가 오스트레일리아의 수도가 된 이유는?

오스트레일리아 최대의 도시는 2000년에 올림픽이 개최된
인구 375만 명의 시드니다. 제2의 도시는 1956년에 올림픽
이 개최되었고, 현재 인구 320만 명이 모여 사는 멜버른이
다. 수도는 '캔버라'라는 도시인데, 뜻밖에도 그곳의 인구는
겨우 30만 명이다. 수도치고는 너무나 작은 도시인 것이다.
이 소도시가 수도가 된 것은 시드니와 멜버른의 타협의 산물
이라고 할 수 있다.

1901년, 오스트레일리아가 연방제가 되었을 때 시드니와
멜버른 사이에서 격렬한 수도 쟁탈전이 일어났다. 싸움이 길
어져 잘 매듭지어지지 않자 결국 타협안으로 결정된 것이 양
수도의 한가운데에 신도시를 만들자는 아이디어였다. 그래서

띄엄띄엄 목장이 있었을 뿐인 황야 캔버라에 수도를 건설하게 된 것이다.

1911년, 잠정적으로 멜버른에 있던 수도 기능이 캔버라로 이전한다. 1929년에는 처음으로 캔버라에서 국회가 열렸지만, 국회의사당이 옮겨진 것은 수도 이전 후 77년이나 지난 1988년의 일이었다. 어쨌든 무슨 일에든 느긋한 오스트레일리아 사람들다운 진행 방식이다.

새로운 수도를 설계한 것은 오스트레일리아인도, 영국인도 아닌 미국인 월터 벌리 그리핀이다. 그 도시에는 시민들의 일상생활의 근거지에 시청, 백화점, 대형 상점 등이 모여 있는 빌딩과 연방의사당이나 대사관 등 수도 기능이 모여 있는 빌딩들이 있고, 그 빌딩들을 거점으로 도로를 거미줄 모양으로 펼쳐 놓은 것이 특징이다.

그러나 뭐든지 지나치게 인공적이어서 거리에 늘어선 나무들조차 인공적으로 보인다는 말도 있다.

## 왜 북경 거리는 凸모양으로 되어 있나?

2008년에 올림픽이 개최된 중국의 수도 북경. 그 중심부는 현재 한창 개발 중이다. 낡은 건물은 철거되고 새로운 빌딩이 곳곳에서 건설되고 있다.

그 때문에 북경의 유학생들이 2년 정도 외국생활을 하다 돌아오면, 완전히 달라진 거리를 보고 놀란 입을 다물지 못하는 것이다. 그사이 북경에서 지낸 외국인들이 원조 북경인들인 그들에게 최신 정보들을 가르쳐주는 역전현상도 일어나고 있다.

현재는 그토록 변화무쌍한 북경이지만, 이 북경의 중심부는 전후 중화인민공화국의 수립 전까지 자금성을 중심으로 두터운 성벽으로 둘러싸인 조용한 도시였다. 그런데 그 성벽은 상공에서 보면 마치 凸모양으로 보이는 신기한 형태를 하고 있다.

원래 북경에 성벽이 만들어진 것은 12세기 중반의 '금'이라는 나라의 수도가 된 이후부터다. 당시의 성벽은 사각 형태를 하고 있었다.

그 후, 15세기 초가 되어 명나라의 영락제가 그때까지 '대도'라고 불리던 도시 명을 '북경'으로 개명하고 성벽도 크게 바꾸었는데, 이때도 성벽은 사각 모양 그대로였다.

그런데 이 명나라 시대에 그때까지의 성벽 남쪽에 새로운 성벽을 덧붙여 쌓아올렸고, 그 이름을 '외성'이라고 했다. 그 결과, 북경은 두 개의 사각을 붙인 凸모양의 도시가 된 것이다.

현재 북경시 중심부에 있는 정양문은 凸모양의 최남단이다. 이 문을 사이에 두고 '전문동대가(前門東大街)'와 '전문서대가(前門西大街)'라는 큰 거리가 동서로 뻗어 있는데, 이 큰 거리도 명 시대 중반 무렵까지는 아주 높고 두터운 성벽이었었다.

과거의 성벽 유적지는 현재 이 전문동대가와 전문서대가처럼 넓은 도로가 되었고, 그 밑으로는 지하철이 달리고 있다. 그러므로 현재 북경의 큰 거리들의 모습에 과거의 凸모양의 흔적이 남아 있는 것이다.

## 싱가포르에서 바다를 메우기 위해 산 것은?

말레이 반도 최남단에 있는 싱가포르의 명물 중 하나로 꼽히는 것은 고층 맨션에 널려 있는 세탁물들이다. 각 방의 베란다에 걸려 있는 장대에 세탁물들이 마치 만국기처럼 펄럭이는 모습은 외국인들에게 무척이나 신기하고 재미있는 풍경이 아닐 수 없다.

싱가포르는 국토가 대단히 좁은 나라이지만, 그 면적은 매년 조금씩 넓어지고 있다. 그렇다고 해서 토지가 살아 움직여서 커지는 것은 물론 아니다. 그것은 예로부터 국토가 좁다는 문제를 해소하기 위해 고층 맨션을 세우는 것과 동시에 바다를 메워왔기 때문이다.

그런데 싱가포르에는 산다운 산이 없다. 즉, 바다를 메우려고 해도 그 흙조차 자급할 수 없는 것이다.

그렇다면 쓰레기를 이용하는 것이라고 생각하는 사람들도 있을 것이다. 실제로 도쿄 만의 '꿈의 섬'은 쓰레기로 만들어진 것이다.

하지만 싱가포르는 그런 방법을 쓰지 않았다. 놀랍게도 말라카 해협을 거쳐 인도네시아로부터 대량의 흙을 사서, 배로 날라 그것으로 바다를 메우고 있다.

이웃 나라에서 물이나 전력을 사 오는 나라는 있어도, 흙을 수입하는 나라는 대단히 드문 일이다.

## 왜 네덜란드에는 풍차가 많을까?

네덜란드 하면 역시 풍차의 나라라는 이미지가 먼저 떠오른다. 현재에는 실용적으로 쓰이는 경우가 거의 없지만, 지방으로 가면 아직도 많은 풍차를 볼 수 있다. 전성기에는 네덜란드 전체에 풍차가 약 9,000개나 있었다고 하는데, 그 대부분이 배수용으로 이용되었었다.

네덜란드는
역시 풍차의 나라!

네덜란드는 원래 간척으로 국토를 넓혀온 나라이다. 소규모 간척은 13세기부터 행해졌고, 16세기 후반 이후부터 본격적인 간척사업이 시작되었다.

그 결과 현재는 국토의 4분의 1의 토지가 해수면보다 낮다고 한다.

따라서 조금이라도 부주의하면 토지가 물에 잠겨버릴 위험이 있다. 그 때문에 네덜란드는 예로부터 제방을 쌓아 배수나 운하 관리에 세심한 주의를 기울여왔다. 풍차도 그러한 대책 중 하나로, 북해로부터 불어오는 바람을 이용하여 물을 제방 바깥으로 배출시켜왔던 것이다.

풍차는 19세기 증기기관의 발명 이후 급속히 그 모습을 감추었는데, 그 후 과거 유물을 보존하자는 목소리가 높아 현재에도 전국에 약 950개의 풍차가 보존되어 있다.

## 네덜란드 운하 주변 건물은 왜 기울어져 있나?

네덜란드의 수도 암스테르담은 100여 개에 가까운 섬을 900여 개 이상의 다리로 이은 도시이다. 그 때문에 운하가 그물망처럼 둘러쳐져 있고, 운하는 암스테르담 관광의 필수

요소가 되었다.

이 운하의 양옆으로는 3층 건물로 이루어진 수많은 주거지가 즐비하게 늘어서 있는데, 작은 배로 그곳을 관광하다 보면 깜짝 놀랄 일이 있다. 운하 양옆으로 늘어서 있는 건물의 벽이 2층, 3층으로 올라갈수록 바깥쪽으로 기울어져 있는 것이다. 그곳 건물들은 1층보다 3층이 폭이 넓어 머리만 유난히 크게 되어 있다.

그렇게 기울어진 형태의 건물로 만든 것은, 예전에는 집 대문의 넓이나 창문의 개수로 세금 액수가 정해졌기 때문이라고 한다.

세금 액수를 되도록 낮게 책정받기 위해 사람들이 건물 전체를 작게 만들었는데, 그 때문에 현관으로 큰 가구들이 들어갈 수 없게 돼버렸다. 그래서 이사할 때는 지붕에서 로프를 내려서 가구를 끌어올려 2층, 3층 창문으로 물건들을 넣고 뺐다.

이때 건물 벽이 수직이면 커다란 가구들이 벽에 부딪혀 손상돼버린다. 그래서 위로 올라갈수록 벽을 바깥쪽으로 넓힘으로써 가구가 벽에 부딪히는 것을 방지했다고 한다.

머리 부분이 유난히 큰 형태를 한 건물은 보기에는 이상해도 조금이라도 세금을 적게 내려고 했던 네덜란드 사람들의 지혜였던 것이다.

# 베니스는 왜 물에 잠기는 땅에 세워졌을까?

'물의 도시'로 불리는 이탈리아의 베니스는 150여 개 이상의 섬이 400여 개 이상의 다리로 묶여 있다. 그런데 지금 세계적으로 유명한 이곳 베니스의 거리는 수몰 위기에 놓여 있다.

원래 베니스는 밀물과 썰물에 의해 갯벌이 출현하는 습지 위에 건설되었다. 그리고 그 늪습지대에 세워진 토대는 놀랍게도 나무로 만들어진 갱인 것이었다.

최근에는 그 토대의 침식이 더더욱 빨라지면서 베니스는 서서히 수몰하고 있다. 이미 주거의 일 층 부분은 거의 사용이 불가능한 상태여서 주민들이 차츰 내륙으로 이동 중이다.

이대로 가다가는 2000년 정도 지나면 4~5층짜리 건물들도 바다에 잠겨 베니스는 지구상에서 사라져버릴 것이라고 한다.

그럼 베니스는 왜 물에 가라앉을 부실한 땅에 세워진 걸까?

이 땅에 베네트족이 처음 찾아온 것은 5세기 무렵이다. 이탈리아 반도와 발칸 반도 끝 부분에서 살고 있던 그들은 아시아에서 쳐들어온 훈족의 위협에 노출되어 있었다.

베네트족은 이 훈족을 피하기 위해 아드리아 해의 갯벌을 점찍었다. 베네트족은 배를 다루는 솜씨가 뛰어났기 때문에

2장 • 마을, 도시의 수수께끼

갯벌만 있으면 훈족을 피할 수 있으리라고 생각했던 것이다. 이리하여 베네트족이 정착하게 되면서 그곳에 도시 '베네치아'가 탄생했다.

그런데 그 장소는 습지였다. 그들은 우선 갯벌에다 나무 갱을 박고 그 위에 돌을 쌓았다. 그리고 그 위에다 벽돌로 집을 지은 것이다.

과거에는 지반이 침하하면 돌을 쌓아올려 보수하였지만, 20세기 이후부터는 그 정도로는 해결되지 않았다. 지하수를 퍼내도 곤돌라를 대신하는 모터보트가 일으키는 물결로 토대 부분의 침식이 급속히 진전되어 더욱 빠른 속도로 지반이 가라앉고 있다.

하지만 끊임없는 보수 작업으로 우리들이 살아 있는 동안에는 갑자기 가라앉는 일 없이 지금의 상태가 이어지리라고 본다.


## 왜 로마에는 지하철이 거의 다니지 않을까?

서울을 방문하는 외국인들은 서울의 지하철 노선도를 보고 깜짝 놀란다. 10개의 노선이 요리조리 미로처럼 복잡하게 얽혀 있기 때문이다.

세계에서도 지하철 노선이 이렇게 복잡한 도시는 드문 일인데, 그 반대로 대도시치곤 지하철 노선이 극히 적은 곳이 있다. 그곳은 이탈리아의 로마이다. A선과 B선, 두 노선밖에 다니지 않으니 말이다.

지상의 정체 상태를 보면 지하철 노선을 더 만들어도 좋을 것 같지만, 로마에는 지하철을 못 달리게 하는 이유가 따로 있다.

고대 로마시대부터 오랜 역사를 자랑하는 로마의 지하에는 중요한 유적이 엄청나게 많이 묻혀 있다. 그 때문에 새로운 지하철을 달리게 하려면 반드시 유적과 만나게 되는 것이다.

게다가 고대 로마시대의 유적은 지층처럼 겹쳐져 있다. 큰 화재가 발생하거나 큰 전염병이 유행하면 새롭게 도시가 만들어지기도 하고, 잦은 전쟁으로 낡은 건물들이 붕괴되면 그 위에 새롭게 건설되는 일도 있었기 때문이다.

실제로 기원 3~4세기 무렵의 교회 지하에 만들어진 묘지가 어느새 잊혀지고 만 경우도 있었다. 고대 유적 위에 그리스도교 지하 묘지가 있고 그 위에 지금의 도시가 만들어진 곳도 있다는 말이다.

물론 현대에 와서는 이와 같은 고대 유적은 소중하게 보존되고 있기 때문에 지하철 건설은 웬만해서는 쉽게 인정받을 수 없다.

현재 진행 중인 로마의 세 번째 지하철 계획은 지하 25~30미터라는 깊은 곳을 통과하도록 되어 있다. 그래도 유적과 만나게 되는 곳은 박물관이 딸린 역으로 만들어서 유적 견학을 할 수 있도록 만든다고 한다.


## 카스바의 거리는 왜 미로처럼 되어 있을까?

한때 거대 미로가 유행한 적이 있다. 넓은 토지에 미로를

만들어 그곳을 헤매면서 앞으로 나가는 시설이었는데, 휴일
에는 많은 사람들이 찾아와 늘 북적거렸다. 그런데 마을 자체
가 미로처럼 짜여 있는 유명한 곳도 있다.

　알제리의 수도 알제에는 '카스바'라고 불리는 옛 시가지가
있다. 알제리는 아프리카 북부에 위치한 나라로, 그 수도 알
제는 지중해를 향해 열려 있는 항구도시이다. 지금은 해안선
을 따라 현대적인 빌딩들이 즐비하게 늘어서 있지만, 북쪽 구
릉지역에는 지금도 카스바 지구가 자리 잡고 있다.

　이 카스바 지구의 길은 상당히 복잡하게 얽혀 있다. 구불구

불하게 이어진 좁은 길을 가다 보면 갑자기 직각으로 꺾이거
나 막다른 길에 이르는 등 마치 미로와 같은 것이다. 그래서
이곳에 처음 발을 들인 사람들은 지도로는 부족하여 안내인
이 반드시 따라다녀야 한다고 할 정도다.

그렇다면 다른 나라에도 미로 같은 마을은 얼마든지 있다
고 하는 사람도 있을 것이다. 하지만 그런 곳은 아마도 사람
들이 집을 제각각 맘대로 지어서 길이 복잡해져서일 것이다.

그러나 카스바의 미로는 일부러 그렇게 만들었다. 그 이유
는 더위 때문이었다. 알제는 사막지대에 있어 직사광선을 받
으면 피부가 타들어갈 정도로 따갑다. 그 때문에 일부러 햇볕
이 잘 드는 일직선의 길을 만들지 않은 것이다.

실제 카스바의 거리 양옆으로는 돌로 만든 집들이 빈틈없
이 지어져 있어 햇빛이 들어오지 않는다. 그래서 대낮에도 항
상 어두침침하기 때문에 처음 방문한 사람들은 으스스한 분
위기를 느낄지도 모른다.

## 파리의 도로가 넓은 이유는?

1998년 프랑스에서 개최된 월드컵에서는 사령탑격인 지단

의 활약으로 프랑스가 첫 우승을 땄다. 당시 그 우승 퍼레이드가 열린 파리의 샹젤리제 거리에는 백만이 넘는 인파가 몰려들었다고 한다.

과연 월드컵은 세계 최대 이벤트라고 불릴 만하다. 그 동원력도 놀랄 만한 일이지만, 백만이 넘는 인파를 소화해낼 만한 샹젤리제 거리의 넓이도 정말 놀랍다.

실제로 파리의 도로는 샹젤리제 거리를 시작으로 넓고도 근사한 곳이 많다. 그 큰 도로는 19세기 중반 계획적으로 만들어진 것으로, 도로를 넓게 만든 이유는 폭동을 막기 위한 것이었다.

당시 황제 자리에 있었던 나폴레옹 3세는 산업혁명이 진행되는 과정에서 파리를 프랑스 황제의 수도에 걸맞은 도시로 개조하고 싶다는 생각을 했다. 거리와 접해 있는 건물의 높이나 디자인을 통일하여 거미줄 모양으로 뻗은 도로를 만들었고, 공원이나 광장 수를 늘린 것도 그때의 일이다. 그리고 그와 동시에 도로도 넓은 거리로 확장시켜버렸다.

그런데 거기에는 그럴 만한 이유가 있었다. 1789년에 일어난 프랑스혁명 이후 파리에서는 시민들이 자주 폭동을 일으켰다. 그 전법은 대부분 도로에 바리케이드를 쳤던 것이었기 때문에, 나폴레옹 3세는 숨을 곳이 없는 넓은 도로를 만든다면 바리케이드를 칠 수가 없게 되어 폭동을 막을 수 있을 것

이라고 생각한 것이다.

　목적은 그랬지만 파리의 이러한 큰 개조는 그 이후, 빈이나 로마를 시작으로 해서 세계 곳곳의 도시 계획에 큰 영향을 미치게 됐다.

# CHAPTER 3
# 지형, 지리의 수수께끼

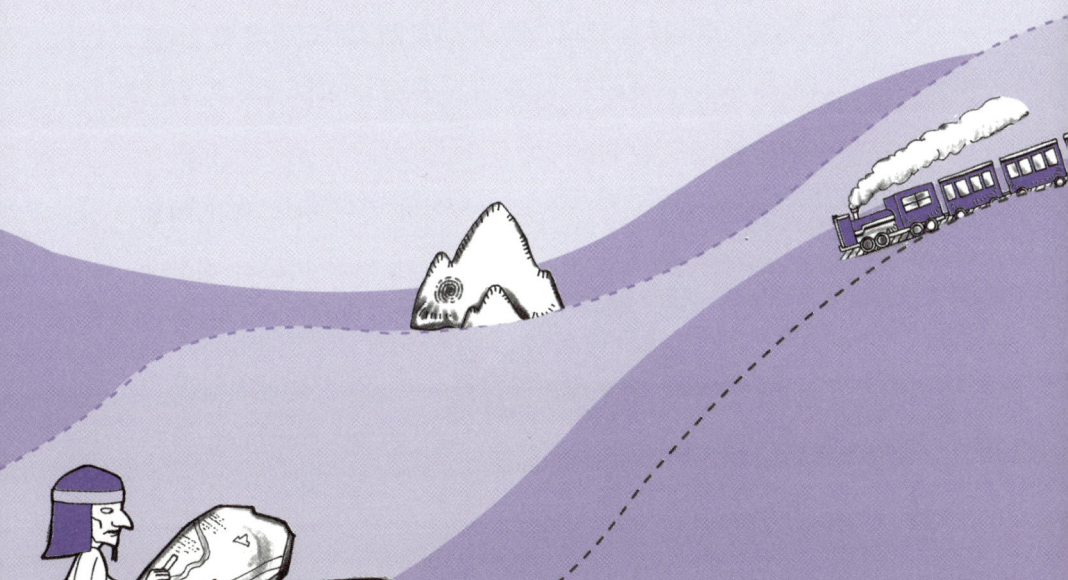

# 움직이는 호수, 차드 호의 비밀은?

세계적으로 '움직이는 호수'로 유명한 곳이 있다. 그곳은 바로 아프리카에 있는 차드 호이다. 이 차드 호는 1960년대 에는 차드, 니제르, 나이지리아, 카메룬, 이 4개국의 국경에 위치하고 있었다. 그런데 현재는 차드 국내로 들어와 있는 것 이다.

그렇다고 해서 이 40년 사이에 호수가 통째로 이동한 것은 물론 아니다. 40년 전에는 2만 1천 제곱킬로미터에 물로 가 득 차 있었는데, 그 후에 호수가 마르기 시작하면서 약 10분 의 1로 축소된 것이다. 현재 호수로 남아 있는 부분은 차드 국내에 있는 곳뿐이다.

그러나 이와 같이 차드 호가 이렇 게 바싹 마르기 시작한 것은 이번이 처음은 아니다. 과거에 호수 가 마르면서 생긴 사구의 흔적이 작은 섬이 되어 여기저기 남 아 있는데, 호안선의 흔 적으로 봐서 수천 년

전에는 카스피 해만큼 거대한 호수
였다는 것도 알 수 있다.

즉 차드 호는 예로부터 축소와 확대를 거듭해온 것이다. 다시 말해, 호수 그 자체가 움직이는 것이 아니라 호수의 크기가 변화함으로써 '떠도는 호수'가 된 것이다.

## 아프리카의 호수가 동부에 집중되어 있는 이유는?

아프리카 최대의 호수는 케냐와 탄자니아, 우간다의 국경에 접해 있는 빅토리아 호다. 세계적으로도 카스피 해, 북미 오대 호의 하나인 슈피리어 호에 이은 호수인 것이다. 또 이 빅토리아 호 근처에는 탕가니카 호, 말라위 호 등 아프리카를 대표하는 많은 호수들이 모여 있다. 왜냐하면 그곳이 지구의 갈라진 곳이기 때문이다.

실제로 탕가니카 호는 러시아의 바이칼 호에 이어 깊이로는 세계 제2위이다. 해발 773미터의 위치에 있으면서 깊이가 1,430미터나 된다. 그 가장 깊은 곳은 해저 659미터에 달해 원래부터 지구의 갈라진 곳이었다는 것을 알 수 있다.

이 아프리카 대지의 구멍지대로 불리는 지구의 갈라진 곳은 지금부터 200~2600만 년 전에 형성되어 폭 35~60킬로미터, 남북으로는 약 6,000킬로미터에 이른다.

아프리카 대륙 전체는 아프리카 플레이트라고 불리는 하나의 판으로 되어 있어 지반은 안정돼 있지만, 이 대지의 구멍지대 주변은 화산활동이나 지진이 많이 일어나는 불안한 지역이다.

## 사해가 점점 말라가는 이유는?

'이대로 가다가는 정말로 사해가 죽어버리고 말 거야!'
이스라엘에서는 그런 비통한 목소리가 높아지고 있다.

사해는 이스라엘과 요르단의 국경에 접해 있는 호수이다. 25%나 되는 염분을 포함하고 있어 호수 안에는 생물이 전혀 살고 있지 않다. 때문에 옛날부터 '사해(死海 ; Dead Sea)'라고 불려 왔는데, 현재 그 사해가 말라버릴 위험에 처해 있는 것이다.

그 이유는 사해로 유입되는 강은 거의 요르단 강 한 줄기뿐이라고 해도 좋은데 그 요르단 강이 관개사업으로 이용되고 있어 수량이 크게 줄어버렸기 때문이다.

　그리고 사해 주변은 아는 바와 같이 사막지대이다. 비가 거의 내리지 않는데다 심한 증발로 수위가 점점 내려가면서 말라가고 있는 것이다.

　물론 이스라엘 정부는 대책을 마련하고 있다. 그 하나가 지중해에서 사해로 해수를 끌어들여 물을 공급하는 것이다. 사해는 세계에서 가장 낮은 움푹 팬 곳으로, 해수면보다 낮아 운하를 파면 그 낙차를 이용하여 해수를 공급할 수 있는 것이다.

　그런데 이 주변은 분쟁이 끊이지 않는 곳이기도 하다. 이스라엘이 '사해 구제계획'을 실행하려고 하면 주변 국가들은 반드시 반대의 목소리를 높일 것이다. 그 때문에 교섭이 순조롭지 않아 일을 실행하기 쉽지 않다. 이대로 가다가는 가까운 시일 내에 사해는 정말로 죽어버리게 될 것이다.

## 황하의 물이 줄어드는 이유는?

　중국의 경제가 좋아지면 시카고의 곡물시장에서 옥수수 가격이 급등한다. 그것은 12억이라고 일컬어지는 중국인의 주

머니가 두둑해지면 일제히 고기를 먹기 때문이다. 그 때문에 소나 돼지의 사육수가 늘어나면서 그 사료가 되는 곡물이나 옥수수의 가격이 뛰게 된다는 말이다.

세계 인구의 약 20%나 되는 중국인이 무언가 행동을 시작하면 그 영향은 상상을 초월한다.

예를 들면 중국에서는 농업이 발달했기 때문에 황하의 물이 점점 더 줄어드는 현상을 보이고 있다. 현재 황하의 길이는 5,464킬로미터나 된다. 그 물은 수억 명의 생활을 지탱해 주고 있기 때문에 중국에서는 어머니의 강이라 부르고 있다.

그런데 그 황하의 끝자락인 산동성에서는 물이 끊어지고 있다. 그곳뿐만 아니라 장소에 따라서는 물이 완전히 끊겨 눈앞으로 드넓게 강바닥이 펼쳐져 보이는 곳도 적지 않다.

이 '단류'가 처음으로 보였던 것은 1972년 4월 23일의 일이다. 그 이후 매년 단류 현상이 일어나 그 구간은 약 700킬로미터에 이르고 있다.

유역 관측소의 자료에 의하면 연간 유동량도 50년대에는 450억 세제곱미터였는데 80년대에는 350억 세제곱미터, 그리고 90년대에는 240억 세제곱미터로 급감하고 있다.

그 원인을 말하자면 과도한 취수(강이나 저수지에서 필요한 물을 끌어오는 것)라고 한다. 중국 경제가 발전하면서 농업도 대규모화됐다. 그 결과 황하 수량의 90%까지 농업용수로 사용

하게 된 것이다.

황하의 물이 감소하면 당연히 유역의 농업용수도 부족해진다. 그러면 물 부족을 염려하여 농민들이 물을 필요 이상으로 취수하게 된다. 결국 더욱더 수량이 감소하는 악순환으로 이어진다.

농업인구가 엄청나게 많은 만큼 물이 언제 마를지 모르니 많이 확보해두자는 마음이 유역 농민들에게 심어져 그 영향은 황하조차 마르게 할 정도인 것이다.

세상에서 가장 재미있는 세계지도

## 왜 지중해의 물은 동쪽으로 갈수록 짤까?

세상에는 장소에 따라 염분 농도가 다른 별난 바다도 있다. 그곳은 유럽과 아프리카로 둘러싸인 지중해이다.

이 지중해의 염분 농도는 서쪽 끝에 있는 지브롤터 해협에서는 3.6%인데 동쪽으로 가면서 높아져 동쪽의 키프로스 섬이나 터키 근처로 가면 3.9%가 된다. 혀로 핥아봐도 동쪽의 해수가 짜다는 것을 알 수 있다.

그런 드문 현상이 일어나는 것은 지중해 주변이 온난하고 비가 적은 기후이기 때문이다. 일 년 내내 건조하기 때문에 하천에서 지중해로 유입되는 수량이 적고, 비로 내리는 수량에 비해 증발하는 수량이 훨씬 많다. 그래서 지중해의 수량이 줄면 서쪽 끝에 있는 지브롤터 해협에서 대서양의 물이 밀려온다.

그런 이유로 지브롤터 해협 근처에서는 대서양과 같은 염분 농도이지만, 동쪽으로 감에 따라 증발해버리는 수분이 많아져서 염분 농도가 높아지는 것이다.

그 말은 스페인 남부의 말라카 주변에서 수영하는 것보다 키프로스 섬 근처에서 수영하는 쪽이 몸이 훨씬 쉽게 뜬다는 소리도 된다.

## 에베레스트는 왜 그렇게 높아졌을까?

세계의 최고봉 에베레스트의 해발은 지금까지 8,848미터로 알려져 왔다.

그런데 최근, 미국의 전미 지리학협회 본부에서 실제 해발은 2미터 더 높은 8,850미터라는 결과를 발표했다. 사실상 세계 표준으로 간주되는 협회가 작성한 지도에도 그 해발이 채용되었다.

미국 정부에서도 이 측정 결과를 인정하고 있어 앞으로는 세계적으로 에베레스트의 해발은 8,850미터로 기록될 것이다.

갑자기 에베레스트가 2미터나 높아진 것은 다음의 두 가지 이유가 있다.

하나는 측정 기술의 진보로 보다 정확하게 해발을 측정할 수 있게 되었기 때문이다.

지금까지의 해발은 1954년 인도가 에베레스트 주변 12장소에서 측정한 결과를 평균한 것으로 했다. 그러나 최근에는 위성항법시스템(GPS)이라는 첨단기술이 사용되고 있고, 이것을 사용하면 지구상의 위치를 아주 정확하게 측정할 수 있는 것이다.

에베레스트의 공식 해발이 높아진 또 하나의 이유는 에베레스트 자체가 지반 활동으로 지금도 매년 수 밀리미터씩 성장하고 있다는 사실도 생각할 수 있다.

원래 에베레스트를 포함한 히말라야 산맥은 인도아시아 대륙이 유라시아 대륙에 부딪혔을 때 유라시아 대륙의 지반이 인도아시아 대륙에 올라탄 형태로 솟아올라 만들어진 것이다.

이 지반활동이 지금도 계속되면서 현재는 인도아시아 대륙이 유라시아 대륙 밑으로 들어가는 형태로 북상을 계속하고

있다. 그 때문에 히말라야 산맥은 지금도 들어 올려져 있어 에베레스트도 조금씩 높아지는 것이다.

실제로 GPS에 의한 정밀측정에서도 매년 약 6센티미터씩 북동 방향으로 움직이고 있다고 한다.

## 동남아시아 산호초가
### 바다의 사막으로 변해가는 이유는?

홍콩이나 상하이, 방콕에서는 대형 해산물 식당이 번성하고 있다. 가게 안의 수족관에서 헤엄치는 물고기를 가리키면

그 자리에서 바로 망으로 떠서 원하는 요리를 만들어주는 식의 음식점들이다.

가격이 비싸서 원래는 상류 계층이나 관광객들이 드나드는 곳이었지만, 최근에는 도시마다 새로운 부자들이 생겨나 그러한 대형 식당이 곳곳에서 문을 열고 연일 손님들로 붐비고 있다.

그러나 해산물 식당의 장사가 번성한 덕분에 동남아시아 산호초의 면적은 점점 줄어들고 있다. 그 이유는 독극물이나 폭탄을 사용하여 물고기를 잡기 때문이다.

동남아시아의 해산물 식당이 사들이는 물고기들 중에는 산호초를 둥지로 틀고 살고 있는 물고기가 많다. 그런데 최근에 그 수요가 늘어나자 과거의 방식대로 낚시로 잡거나 그물을 쳐서 잡는 식으로는 그 수량을 감당할 수 없게 되어 급속히 유행하게 된 것이 바로 청산 화합물이나 폭약을 사용하는 방법이다.

예를 들면 어부가 산호초로 잠수하여 잡고자 하는 물고기를 발견하면 플라스틱 용기에 넣어둔 엷은 청산 화합물을 바다로 뿌려 일단 물고기를 잠시 동안 마비시킨다. 그리고 물 위로 떠오른 물고기를 망으로 건지는데 2시간 정도 지나면 물고기는 원래 상태로 돌아와 살아 움직이기 때문에 그것을 출하시키는 것이다.

또 폭약에 의한 방법은 맥주병이나 페트병 등에 화약을 넣고 도화선에 불을 붙여 바닷속에 던져 폭발시키면 그 충격으로 물고기가 물 위로 떠오르는 것이다.

그런데 그 두 가지 방법 모두 산호에는 치명적이다. 바닷속 석탄 분을 흡수하여 산호초를 만드는 말미잘과 같은 산호들은 청산 화합물에 극히 약하기 때문이다. 또 해저에서 화약을 폭발시키면 그 충격으로 반경 10미터 정도의 산호가 사멸해 버린다.

물론 이들 방법은 가장 손쉽기 때문에 동남아시아에서 급속히 번져 산호초에 치명적인 타격을 입히고 있는 실정이다.

일찍이 산호초는 '지구의 예술품' 이라 일컬어졌다. 하지만 지금은 무분별한 남획으로 인해 산호의 잔해가 잡동사니처럼 쌓여 바다의 사막화를 진행시키고 있으니 그저 안타깝기만 하다.

# 기네스북이 규정하기 힘든 세상에서 가장 긴 강은?

'세계에서 가장 긴 강은?' 이라는 질문에 '미시시피 강' 이라고 대답하는 것은 30세 이상의 사람들일 것이다. 20년 전까지는 미국의 미시시피 강이 가장 긴 강으로 알려져 있었기 때문이다.

그런데 현재 가장 긴 강으로 알려진 것은 이집트의 나일 강이다. 이하 2위가 브라질의 아마존 강, 3위가 중국의 양쯔 강, 그리고 미시시피 강은 4위로 전락하였다.

그렇다고 해서 미시시피 강이 줄어든 것은 아니다. 반대로 새로운 조사로 나일 강과 아마존 강의 새로운 수원이 발견되어 길이가 늘어 그만큼의 거리를 더한 결과 미시시피 강을 웃돌게 된 것이다.

그러나 세계 최고라면 뭐든지 기록하는 기네스북에는 현재 세계에서 가장 긴 강이 기록되어 있지 않다. 원래 강의 길이는 정의, 측정이 어렵다. 일반적으로는 강 상류의 여러 개의 지류 중 가장 거리가 긴 것을 측정하도록 되어 있는데, 측정방법이나 지형변화 등으로 거리가 바뀌기 쉽기 때문이라고 한다.

실제로 나일 강도 아스완하이 댐이 건설되어 6,690킬로미터보다 짧아졌다고 한다. 또 아마존 강은 하류 근처에 있는 파라 강이라는 지류를 더하면 나일 강을 앞서버린다.

이런 사정으로 기네스북에서는 세계 제1의 강을 정하기 어려운 것이다.

# 세계지도가 처음으로 만들어진 것은 언제?

　대한민국 최초의 전국지도는 조선시대에 작성된 '동국지도(東國地圖)'로 간주하고 있다.

　이 지도는 1463년 정척과 양성지 등이 왕명에 따라 작성한 조선전도로, 실제로 한반도 곳곳을 답사하여 만든 지도이다. 좀 더 정확하게 말하면 그 이전에 작성되었지만 현존하지 않는 것이 있을지도 모른다. 어쨌든 현존하는 대한민국의 전국지도 중에 '동국지도'가 가장 오래된 것이다.

　마찬가지로 세계지도에서 현존하는 것 중, 가장 오래된 것이라고 간주하는 것은 바빌로니아의 점토판 지도이다.

　이것은 싯파르(현재는 이라크의 아브핫바)의 유적에서 발견하

였는데, 아카도 사르곤 대왕의 원정이야기를 기술한 점토판의 일부에 그려져 있었다.

이 점토판이 만들어진 것은 기원전 700~600년 무렵인데 사르곤 대왕은 기원전 2300년 무렵의 인물이다. 거기다 지도도 원과 직선을 조합한 단순한 형태인 것을 봐서 좀 더 과거 연대에 만들어진 원본을 베낀 것이라고 추측된다.

## 북극에도 사막이 있을까?

사막이라고 하면 작열하는 태양을 연상하는 사람이 많을 것이다. 뜨겁게 내리쬐는 태양과 모래에 반사되는 열로 여름에는 40도를 가볍게 넘어버리는 더위의 공격은 생각만 해도 땀이 난다.

그러나 사막은 더운 곳에만 있는 것이 아니다. 실은 북극에도 남극에도 사막이 있다.

사막이란 원래 수분이 부족하여 특수한 생물밖에 살지 못하는 지역을 말한다. 그 점에서 북극권의 많은 부분은 연간 강수량이 적고 또 그 대부분이 얼어버린다. 그 때문에 수분은 있어도 식물이 거의 자라지 못한다. 따라서 북극권에는 사막이라 부르기에 어울리는 곳들이 있는 것이다.

또 남극의 사막은 대지의 표면이 드러나 있는 무빙지대에 있다. 그 사막 중에서 최대의 것은 '드라이 밸리(Dry Valley)'로 불리고 있는 지역인데, 이곳은 연간 강수량이 수 밀리미터밖에 안 되기 때문에 건조한 사막지대로 되어 있다. 말하자면 물이 없기 때문에 얼지도 못한다는 스산한 토지인 것이다.

원래 유명한 사막의 대부분은 적도를 낀 남북의 띠 모양 안에 있다. 이 지대는 언제나 고기압이 있어 비가 내리지 않기 때문에 사막이 되는 것이다.

이에 비해 아시아 대륙 중앙부에 있는 광대한 고비사막은 겨울 동안에는 북극 정도는 아니지만 혹한의 땅이 된다.

## 남극의 두꺼운 얼음 밑 육지는 어떻게 되어 있을까?

남극 대륙 중에서 땅이 그대로 드러나 보이는 무빙지대는 겨우 1% 정도이다. 나머지 99%는 두꺼운 얼음으로 뒤덮여 있다.

'두꺼운 얼음'이라고 말해도 어느 정도인지 감이 오지 않겠지만, 남극 대륙을 뒤덮은 얼음 덩어리는 '빙상'이라고 불리며 두께가 평균 2,450미터나 된다. 또한 내륙부에서는 놀랍게도 두께가 최고 4,700미터에 달하기 때문에 백두산보다도 높은 빙상이 남극 대륙에 놓여 있다는 소리다.

이 거대한 얼음으로 뒤덮인 남극 대륙은 그 대부분이 얼음의 무게 때문에 바닷속에 잠겨 있다. 그래서 평균 고도가 해저 150미터라고 한다.

그런데 남극 대륙 중에서도 로스 해에서 웨들 해까지 대륙을 횡단하는 남극횡단 산맥의 양옆 지형은 조금씩 달라진다. 최근의 연구에 의하면 산맥보다 동쪽은 기반의 해발이 평균 14미터이고, 그 위에 평균 두께 2,630미터의 얼음이 얹혀 있다고 한다. 만약 얼음이 모두 녹으면 이 지역의 지반은 융기하여 700~800미터의 고원이 될 것이다.

한편 산맥보다 서쪽은 기반의 고도가 평균 해저 440미터로, 그중에는 해저 1,000미터보다 낮은 곳도 있다. 이 낮은 대륙 위에는 두께가 평균 1,780미터인 얼음이 얹혀 있다.

만약 이 얼음이 모두 녹는다 해도 이 지역의 대부분은 수면 아래 있을 것이며, 크고 작은 섬들이 수면 위로 얼굴을 드러내리라고 추측된다. 이들 거대한 얼음 덩어리가 지구의 온난화로 모두 녹으면 세계의 많은 육지들이 수몰돼버리겠지만……

지금 그 위기에 가장 직면해 있는 나라가 있다. 하얗게 빛나는 모래사장이나 투명한 바다…… 몰디브는 외국인들에게 인기가 높은 휴양지다. 그러나 '그 장소는?' 하고 묻는다면 금방 대답하지 못하는 사람들도 많을 것이다. 세계지도를 펼쳐봐도 찾기가 그리 쉽지 않다.

인도의 남서쪽 약 640킬로미터 주변을 찾아보자. 크고 작게 1,200여 개의 섬들로 이루어진 몰디브 공화국을 발견할 것이다. 그 면적은 모든 섬들을 전부 합쳐도 겨우 300제곱킬로미터 정도이다.

하나하나의 섬은 매우 작고, 가장 큰 섬이라고 해봤자 수도가 있는 말레 섬인데 그것도 약 2.5제곱킬로미터밖에 되지 않는다.

이 몰디브를 수몰 위기에 놓이게 한 원인이 바로 지구온난화다. 여기서 온난화의 구조에 대해 알아보자.

태양광선에 의해 지구로 들어오는 열량과 지구에서 나가는 열량이 같을 때 기온은 일정하게 유지된다. 그러나 지금 지구에서는 대량의 석유, 석탄, 천연가스를 태워 대량의 이산화탄소를 발생시켜 지구를 둘러싼 가스층이 점점 더 두꺼워지고 있다. 이 가스층 때문에 지구로부터 나가는 열량이 적어지면서 온난화가 진행되고 있는 것이다.

이 온난화가 가져오는 영향으로 가장 걱정되는 것이 해수

면의 상승이다. 지구의 기온이 올라가면 남극이나 북극의 얼음이 녹기 시작하고 해수도 팽창한다. 지난 1세기 동안 평균 해면 수위는 이미 10~25센티미터나 상승했다.

더욱이 100년 후에는 평균 50센티미터, 최대 1미터나 상승할 것이라고 한다. 해면이 1미터나 상승하면 해발이 겨우 2미터밖에 안 되는 말레 섬은 만조 시에는 잠겨버린다는 계산이 나온다. 그리고 몰디브의 다른 섬들도 대부분이 해발 2.5미터 정도의 섬들뿐이다.

즉, 어떻게 해서든 지구 온난화를 막지 않으면 하나의 국가가 수몰되어버릴 사태에 직면해 있는 것이다.

## 세상에서 가장 긴 직선 철도는?

세계에서 가장 긴 철도는 의심할 여지없이 시베리아 철도이다. 서쪽의 모스크바에서 동쪽의 블라디보스토크까지 전 길이는 9,297킬로미터. 소요 시간은 특급 러시아호를 타도 약 157시간, 7박 8일의 열차 여행이 된다.

그러나 이 시베리아 철도보다 '일직선'이라는 점에서는 더욱 긴 철도가 있다. 이 철도는 두 줄의 선로가 직선으로 곧장

약 480킬로미터를 뻗어나간다. 바로 오스트레일리아의 인디안 퍼시픽 철도다.

인디안 퍼시픽 철도는 태평양에 접한 시드니와 인도양에 접한 퍼스를 연결하고 있다. 전체 길이 3,961킬로미터, 시간으로 따지면 약 67시간, 일수로는 3박 4일의 여행이다.

그 전체가 거의 일직선이라고 해도 좋을 정도이지만, 그중에서도 정말로 일직선인 곳이 나라보 평원을 달릴 때이다. 그 직선의 맛을 체험하기 위해서 이 열차를 타는 관광객들도 적지 않다.

차창 밖으로 멀리 지평선이 보이는데, 열차는 그 지평선과 평행으로 달려간다. 모닝커피는 이 지평선에서 뜨는 해돋이에 맞춰 마실 수 있도록 준비되어 있다고 한다.

또 대평원을 달리기 때문에 밤에는 아무것도 보이지 않을 정도로 칠흑같이 캄캄하다. 그래서 기차 안에서 불을 끄면, 차창 밖에 빛나는 밤하늘의 수많은 별들을 마음껏 감상할 수 있다.

## 지구의 최북단 마을, 최남단의 마을은 어디일까?

'우주의 끝'이라는 말에는 신비함이 있다. 그곳은 어느 곳이며 아직도 인류가 모르는 생명이 존재하고 있는 것이 아닐까 하는 상상이 펼쳐진다.

그런데 200여 년 전만 해도 인류의 상상의 범위는 '세계의 끝'이었다. 그래서 세계의 끝은 어떤 곳인가, 어떤 사람들이 살고 있는가에 대한 수많은 전설이나 이야기가 자료로 남아 있다.

그러나 사람의 발길이 닿지 않는 곳이 거의 없게 된 지금에 와서는 세계의 끝은 확실히 정의할 수 있게 되었다. 지리적으로 말하자면 남극과 북극이다.

그럼 사람이 살고 있는 최북단, 최남단의 마을이라고 한다면 어디를 말할까?

우선 최북단 마을은 북극해에 떠 있는 노르웨이 령의 스발바르 제도이다. 여기에서 최대의 섬인 스피츠베르겐 섬의 뉴올레슨토라는 마을로 북위 78도 5분에 위치하고 있다.

그곳은 초기에 탄광촌으로 개발되었으나 1962년 대형사고 이후 탄광은 문을 닫고, 최근에는 관광과 국제적 연구기지촌으로 발전하고 있다.

한편 최남단 마을은 남미 최남부, 푸에고 섬의 남쪽, 칠레 령의 나바리노 섬에 있다. 이 섬의 북해안, 비글 해협에 있는 페르토 윌리엄스는 원래 군의 전략기지였으나, 마을로 발전하여 현재는 1,500명 정도의 사람들이 살고 있다. 물론 남쪽이라고 해서 따뜻한 곳이 아니라 남위 54도 57분에 위치한 엄청난 한풍이 불어대는 극한의 땅이다.

# 혼 곳이 선원들의 묘지로 불리는 이유는?

세계에는 강풍과 소용돌이치는 파도로 '선원들의 묘지'로 불리는 어쩐지 으스스한 느낌이 드는 곳이 있다. 남미 대륙의 최남단에 있는 혼 곳이다. 범선 시절부터 이 혼 곳에서는 수

많은 배들이 조난사고를 일으켜왔다.

그 정도로 파도가 거칠고 악천후가 되는 원인 중에 하나는 이곳이 남극 대륙에 가까운 고위도 지역이라는 점에 있다.

혼 곶의 연간 평균 기온은 약 6도이다. 1월에는 유수가 해류를 타고 넘쳐 들어온다.

또 지구상의 중력 분포 등의 영향으로 파도가 심한 남극 해류가 몰려와 대양의 물이 격심하게 부딪힘과 동시에 폭풍우 권내가 된다.

그 때문에 혼 곶의 바닷물 흐름이 빨라지고 바람은 격하게 휘몰아치면서 삼각파도를 만든다. 거의 매일이 폭풍우가 몰아치는 기상 조건이기 때문에 배를 다루기가 매우 어려운 것이다. 그래서 지금도 이곳을 통과하는 배에는 고도의 항해 기술이 요구된다.

## 세계를 이어주는 해저 케이블은 어디를 어떻게 지나갈까?

메이지의 새로운 정부를 대표하여 이와쿠라 토모미를 대사로 한 사절단이 미국과 유럽을 시찰하러 나갔다. 이때 멤버

중 한 명이었던 오오쿠보 도시미치가 뉴욕에서 유럽을 경유
하여 도쿄로 전보를 치자 이미 해저 케이블이 연결되어 있던
나가사키까지는 수 시간 만에 연락이 왔지만, 나가사키에서
도쿄까지는 3일이나 걸렸다는 에피소드가 있다.

지금부터 130년 전, 이미 해저 케이블이 설치되어 있었다
는 말인데, 이 해저 케이블을 만든 것은 물론 당시 7대양을
주름잡던 영국인들이었다.

계기가 된 것은 미국인인 모스가 1837년에 모스 신호를 발
명한 일이었다.

그리고 몇 년 후 전신선에 절연재를 감아 해저에 묻어놓고
해외와 통신을 하려고 한 대담한 계획을 대영제국은 시도한
것이다.

1851년 도버 해협을 건너 런던과 파리를 연결하는 세계 최초의 해저 케이블이 개통됐다. 그 후, 영국과 미국을 연결하는 대서양 해저 케이블이 완성됐고, 런던에서 베를린, 카이로, 봄베이 등으로, 그리고 인도에서 싱가포르, 자카르타, 방콕, 홍콩으로 해저 케이블 망을 넓혔다.

현재 해저 케이블은 광케이블로 바뀌어 주요한 것만으로도 다섯 줄의 케이블이 태평양 해저에 깔려 있다.

세상에서 가장 재미있는 세계지도

## 매년 대서양이 넓어지고 태평양이 좁아지는 이유는?

대서양이 점점 넓어지는 한편 태평양은 점점 좁아지고 있다. 이대로 가다가는 대한민국에서 미국으로 보트를 타고 건너갈 수 있게 될지도 모른다.

이렇게 말하면 공상과학소설 같은 이야기지만, 현실적으로 지구의 지각은 이와 같은 방향으로 활동해가고 있다.

원래 지구상의 육지는 남아프리카, 아프리카, 인도, 오스트레일리아, 남극 대륙 등이 하나의 땅덩어리였었다. 그것이 지각변동을 거듭하면서 현재와 같은 대륙으로 나뉘게 된 것이다.

　따라서 대서양은 원래 육지였던 곳이 분열하여 지금의 아메리카 대륙이 서서히 떨어져 나감으로써 생긴 것이다. 그 활동이 지금도 계속되고 있어 실제로 대서양은 매년 4~10센티미터씩 넓어지고 있다는 사실이 확인되고 있다.

　이처럼 대륙이 이동하는 것은 지반 아래에서 맨틀이 대류를 하고 있기 때문이다. 지구 내부의 온도는 수천 도나 되고 맨틀은 그 열로 아래에서부터 데워지면서 매우 천천히 대류를 하고 있다.

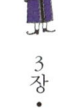

　대서양의 해저에는 이 대류가 끓어올라 솟아오른 중앙 해령이 있다. 그 중앙 해령이 조금씩 융기함으로써 양측 유라시아 대륙과 아메리카 대륙, 양쪽을 밀면서 그 사이의 거리를 넓혀가고 있는 것이다.

　한편 태평양에는 맨틀의 대류가 가라앉아 깊은 구멍처럼 되어 있는 해구가 있다. 이 해구에 해저의 암반이 가라앉음으로써 아메리카 대륙과 우리나라의 거리가 조금씩 좁아지는 것이다.

　이 활동이 앞으로도 계속되면 몇억 년 후에는 아메리카 대륙과 한반도가 붙어버릴 것이라고 생각된다.

# 지구 제의 고도는 어느 섬?

산간 지방에 따로 떨어져 있는 부락 같은 발길이 닿기 어려운 곳을 육지의 고도라고 하는데, 원래 '고도(孤島)'란 해상에서 홀로 뚝 떨어져 있는 섬을 말한다. 그럼 지구상에서 다른 섬이나 육지로부터 가장 멀리 떨어진 섬을 묻는다면 어디를 말할까?

말 그대로 바다의 고도는 현재 칠레의 관리 하에 있는 이스터 섬이다. 이 섬은 칠레에서 서쪽으로 약 3,700킬로미터 떨어져 있고, 주위에는 단 하나의 섬도 보이지 않는다. 실로 '바다의 고도'로 불릴 만한 섬이다. 이 섬은 모아이 상으로 유명한데, 모아이 상은 키가 3.5~4.5미터에 달하고 무게가 20톤쯤 되는 것이 많다. 그중에서 가장 큰 것은 무게가 90톤이고 키는 10미터나 된다. 지금까지 이런 거대한 석상들이 약 1,000개가량 발견되었다. 이 중 오래된 것은 8세기경에 만들어졌다고 하는데, 누가 무엇을 위해 만들었는지 아직도 해명되지 않았다. 물론 누군가가 수천 킬로미터나 되는 바다를 건너 이 섬에 상륙해서 그 상들을 만든 것이다.

이스터 섬의 면적은 겨우 122제곱킬로미터 정도이지만, 지도에서 찾기는 간단한 일이다. 새파란 남태평양에 한 점으로 찍어놓은 듯한 섬, 그곳이 바로 이스터 섬이다.

# 사막 사이를 흐르는
## 나일 강의 물은 어디에서 오는 것일까?

모스크바는 러시아의 수도이자 유구한 역사와 전통을 자랑하는 오늘날 세계 거대 도시의 하나로 손꼽힌다.

인천국제공항에서 모스크바까지의 비행거리는 약 6,600킬로미터, 비행시간은 9시간 30분 정도이다.

느닷없이 모스크바까지의 거리를 말하는 것은 세계에서 가장 긴 나일 강의 거리가 그와 비슷한 정도이기 때문이다. 약 6,690킬로미터인 나일 강은 그 정도의 거리를 느긋하게 흘러가고 있다.

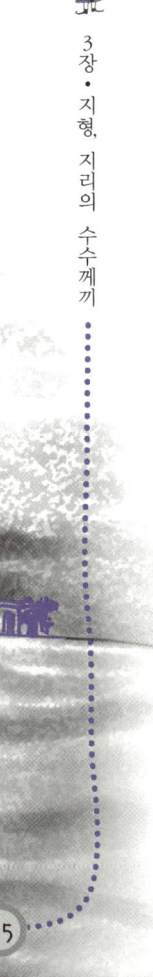

이 나일 강이 이집트를 통해 지중해로 흘러나가는 것은 잘 알려진 사실인데, 그 원류가 어디에서 오는가는 별로 알려져 있지 않다.

나일 강의 원류는 여러 개의 지류로 나뉘어져 있는데, 대표적인 곳은 이집트에서 수단을 거슬러 올라가 우간다와의 국경 근처에 있는 고원, 또 수단에서 에티오피아로 들어오는 에티오피아 고원, 그리고 수단에서 우간다로 거슬러 올라가 우간다와 탄자니아의 국경에 있는 빅토리아 호수 등이다.

이 원류의 장소는 열대우림기후나 사바나기후로 연중 많은 비가 내린다. 그 다량의 비가 고원을 지나 이집트의 사막지대를 유유히 흘러가는 것이다.

고대로부터 이 나일 강의 수량은 매년 규칙적으로 변해왔다. 원류 지역에 대량의 비가 내리는 6월 중순부터 물이 증가하여 가을에는 정점에 달한다. 이때 강이 범람하면 물과 함께 비옥한 진흙이 공급되어 작물을 키우기에 절호의 토양이 된다.

이러한 나일 강의 은혜를 입은 이집트에는 예로부터 문명이 일찍 발달하였고, 현재도 나일 강 유역은 곡창지대로 유명하다. 실제로 이집트를 상공에서 보면 광대한 갈색의 사막 중에 나일 강 유역만 초록빛을 띠고 있다.

# 왜 아랄 해는 점점 더 좁아질까?

중앙아시아의 카자흐스탄과 우즈베키스탄의 국경에 아랄 해라고 하는 호수가 있다. 아시아에서 두 번째, 세계에서 네 번째로 큰 호수이며, 너무나도 아름다운 경치 때문에 '중앙아시아의 진주'라고 불렸다.

그런데 그 정도로 크고 아름다웠던 아랄 해가 매년 메말라가면서 점점 작아지고 있다. 지금은 그 면적이 3분의 1로 줄어들었다고도 하는데, 그 원인은 구소련시대의 아랄 해 프로젝트 때문이다.

1960년, 구소련은 불모의 사막지대를 푸른 초원으로 바꾸려고 하는 장대한 계획을 세웠다. 그 구상의 기본은 아랄 해로 흘러가는 아무다리야 강과 시르다리야 강의 물을 농지로 끌어들이자는 것이다. 그 후 거대한 수로를 건설해 '레닌 수로' '스탈린 운하'라는 식의 이름을 붙였고, 그 주변에서는 목화나 쌀 등을 재배했다.

최고로 전성기를 누렸던 70년대 후반에는 구소련 내의 목화 95%, 쌀의 40%를 수확하는 대 농업지대가 되어 '사막의 기적'으로 불렸다.

그러나 원래 이 일대는 사막화될 정도로 강수량이 적은 지역이다. 결국 유입되던 강물을 빼앗긴 아랄 해의 수위는 눈에

띄게 내려가 점점 더 메말라버리기 시작한 것이다.

현재의 상태로는 2020년에는 아랄 해는 짙은 염수를 남기
게 될 것이고, 결국에는 호수로서 존재할 수 없게 될 것이라
고 한다. 물론 그렇게 되면 이 물에 의지하고 살아온 3,200
만 명이나 되는 주변 주민들의 생활은 곤란하게 될 것이다.

물론 현재 카자흐스탄이나 우즈베키스탄이 그 대책을 협의
하고 있지만, 적절한 대책이 떠오르지는 않는 모양이다. 강의
흐름을 아랄 해로 돌리는 일은 간단하지만 그렇게 되면 이번
에는 농업이 큰 타격을 받고 주변 경제가 무너지기 때문이다.

구소련시대의 '유산'을 둘러싸고 중앙아시아는 커다란 딜
레마에 직면하고 있는 것이다.

# CHAPTER **4**

# 지명, 국명의 수수께끼

## 카이로가 승리의 도시로 불리는 이유는?

　이집트에서 통일 왕조가 성립된 것은 지금으로부터 5천 년 전으로 거슬러 올라가는 옛날 일이다. 그 시절에 이집트인들은 피라미드를 만들었다는 소리다.

　이처럼 오랜 역사를 가진 이집트의 수도는 카이로이다. 이 도시 이름에는 재미있는 뒷이야기가 있다.

　여행 정보지 등을 보면 '이 땅이 이집트의 수도가 된 것은 10세기의 일이다. 신도시를 건설한 것은 이집트를 정복한 파티마 조의 장군 고헐 앗루미로, 카이로는 '승리의 도시' 라는

의미……' 등으로 쓰여 있다.

 '승리의 도시'라고 해도 이 지역이 옛 전쟁터였던 것은 아니다. 이 이름은 화성과 연관지어 붙인 것이다.

 이 도시에서 신도시 건설을 시작하기 위해 제사가 행해졌을 때 지평선에 화성(이집트에서는 알 카히르라고 부른다)이 나타났다고 한다. 그러자 제사장은 대혼란에 빠졌다.

 붉게 빛나는 알 카히르는 전쟁을 의미하는 별이고, 제사 중에 이 별이 떠오른 것은 이 지역에 재난이 일어날 것이라는 것을 의미한다고 당시의 사람들은 생각한 것이다. 결국 사람들은 신도시 건설이 신의 노여움을 샀다고 생각하고 우왕좌왕했다.

 그래서 사람들은 점성술사 곁으로 몰려가 이 도시의 운명을 물어봤는데, 점성술사의 견해는 전혀 달랐다.

 "알 카히르는 분명히 '전쟁'을 의미하지만, 알 카히르의 여성형인 알 카히라는 '도시'를 의미합니다. 또 이 말을 형용사로 쓰면 '승리자의'라는 의미가 되지요. 제사 중에 알 카히르가 솟아올라온 것은 이 신도시가 승리자의 도시가 된다는 의미이기도 합니다."

 점성술사의 말에 사람들이 크게 기뻐했다는 것은 더 말할 필요도 없을 것이다.

 이렇게 하여 이 새로운 도시는 화성을 연관시켜 '알 카히라' 라는 이름으로 불리게 된 것이다. 카이로는 알 카히라의 영어 표기이다.

## 미국의 수도 워싱턴 D.C.의 D.C.는 무슨 뜻?

샌프란시스코가 있는 곳은 캘리포니아 주, 뉴욕이 있는 곳은 뉴욕 주.

'그럼 미합중국의 수도 워싱턴이 있는 곳은?' 이라고 묻는다면 순간 워싱턴 주라고 대답하기 쉬운데 이것은 틀린 대답이다. 워싱턴 주는 태평양 쪽에 있으며 완전히 장소가 다르다. 그렇다면 워싱턴이 어느 주에 속해 있느냐 하면, 사실 어디에도 속해 있지 않다. 수도 워싱턴은 연방의회의 직할구인 것이다.

수도 워싱턴의 정식 명칭은 워싱턴 D.C.인데 이 D.C.는 'District of Columbia'의 약자이다. '콜롬비아의 특별지구'라는 의미로 이 'D'에는 어느 주에도 속하지 않은 연방정부의 직할구라는 의미가 포함돼 있다. 덧붙여 말하자면 'C'의 콜롬비아는 아메리카 대륙의 발견자 콜럼버스를 기념하는 것이다.

그런데 어째서 워싱턴 D.C.는 어느 주에도 속하지 않게 되었을까? 그 배경에는 미국의 건국사가 숨겨져 있다.

미합중국이 독립한 것은 1783년의 일이다. 최초의 연방정부는 필라델피아에 있었는데, 합중국 전체의 정부가 특정 주에 있는 것은 바람직하지 않다는 목소리가 높아 어느 주에도 속하지 않는 특별지구의 구상이 거론되었다. 원래부터 주가 먼저 생겨나고 나중에 나라가 생긴 미국다운 이야기이다.

그래서 1790년, 포맥 강가에 신수도 건설이 정해지고 이듬해 메릴랜드 주와 버지니아 주가 260제곱킬로미터의 토지를 연방정부에 제공한다. 이리하여 어느 주에도 속하지 않는 워싱턴 D.C.가 탄생한 것이다. 당초의 예정으로는 수도 소재지역 전체를 'Territory of Columbia(콜롬비아 준 주)', 연방도시를 'City of Washington(워싱턴 시)'로 하기로 했는데, 역시 준 주라고 해도 특정 주에 수도가 있는 것은 바람직하지 않다는 의견이 많아 현재의 '워싱턴 D.C.'라는 형태로 정착되었다.

1982년 워싱턴 D.C.의 주민 투표로 '뉴 콜롬비아 주' 설립이 결의되었는데, 역시 연방의회는 이를 승인하지 않았다. 수도에 관한 미국인들의 사고방식은 건국 이후 200년이 지나도 변함이 없었던 것이다.

## 7대양이란 어느 바다를 말하는 것일까?

5대륙이라고 하면 유라시아, 아프리카, 아메리카, 오스트레일리아, 남극, 이 다섯 개다. 그럼 7대양은 어느 바다들을 지칭하는지 알고 있는가?

태평양, 대서양, 인도양, 이 3대양에 남극해, 북극해를 추가해도 아직 둘이 부족하다. 나머지 둘은 지중해일까, 카리브해일까?

정답은 이렇다.

북태평양, 남태평양, 북대서양, 남대서양, 인도양, 북극해, 남극해, 이 일곱 바다이다. 태평양과 대서양을 각각 남북으로 둘로 나눠서 7대양이 된다는 것은 쉽게 알 수 있는 사실은 아닐 것이다.

7대양을 이와 같이 나눈 것은 19세기의 영국작가 루디야드 키플링으로, 『정글북』의 저자로 알려진 인물이다. 특별히 지리학적인 근거가 있는 것은 아니지만 일반적으로 7대양을 거론할 때는 이 키플링의 분류법을 적용하고 있다.

그러나 세계의 바다를 일곱 가지로 분류한 것은 키플링이 처음은 아니다.

7대양이라는 표현의 역사는 오래된 것인데, 2세기경에 활약했던 알렉산드리아의 천문, 지리학자인 프톨레마이오스도 그의 저서 『지리학』 속에서 이미 7대양을 언급한 바 있다.

프톨레마이오스가 선택한 7대양은 다음과 같다. 지중해, 아드리아 해, 흑해, 카스피 해, 홍해, 페르시아 만, 인도양 이렇게 일곱 바다이다.

신대륙이 발견되는 시대가 되자 이 7대양은 상당히 현대에 가까워져서 1569년에 작성된 지도에는 지중해, 북해(북대서양), 에티오피아 해(남대서양), 남해(동태평양), 태평해(남태평양), 인도양, 타타르 해(북극해)가 7대양으로 선정되었다.

이처럼 7대양은 시대와 함께 바뀌어온 것이다.

그런데 왜 바다를 굳이 일곱으로 나누려 하는가? 특별히 일곱으로 나누지 않더라도 다섯으로도 여섯으로도 나눌 수 있는데 말이다.

그 이유는 '세계에는 일곱 대륙을 둘러싸고 있는 7대양이 있다'고 하는 고대 인도의 신화가 영향을 미친 것이라고 한다.

북태평양 산

남태평양 산

북대서양 산

남대서양 산

인도양 산

북극해 산

남극해 산

## 왜 콩고의 국명은 자주 바뀔까?

1974년, 킨샤사에서 세기의 대결이 치러졌다. 조지 포먼 대 무하마드 알리의 세계 헤비급 타이틀전이었다. 알리의 KO 승으로 끝난 이 시합은 지금도 '킨샤사의 기적'으로 전해 내려오고 있다.

그런데 이 킨샤사는 당시 자이르공화국의 수도였는데, 현재 세계지도에서 아무리 찾아봐도 자이르라는 나라는 눈에 띄지 않는다. 대체 어디로 간 것일까?

사실은 국명이 바뀐 것이다. 현재의 콩고민주공화국이 과거의 자이르공화국이다. 이 나라의 국명을 자이르공화국으로 한 것은 30년간에 걸쳐 독재정권을 잡고 있던 모부츠 대통령이었다. 모부츠 정권의 붕괴와 함께 자이르라는 국명도 매장되어버린 것이다.

그러나 국명이 변했다고 해도 완전히 새로운 이름으로 바뀐 것은 아니다. 원래 자이르공화국이 되기 전에 콩고민주공화국이었기 때문에 원래대로 되돌아갔다고 봐야 한다.

그런데 콩고민주공화국의 옆에는 또 다른 콩고공화국이라는 나라가 있다. 이쪽은 구 사회주의 국가로 1991년까지는 콩고인민공화국이라고 불렀다. 현재 '콩고공화국'은 하나이지만 '콩고민주공화국(구 자이르)'도 독재 후 수년간은 콩고공

화국이란 국명을 내세웠던 시기가 있었기 때문에 여러 가지
로 혼란스러운 곳이다.

'콩고'가 둘 있다는 것은 헷갈리는 일이지만 이것이 콩고의
탓이라고만은 할 수 없다. 원래 '콩고왕국'이라는 하나의 나
라였는데, 19세기 아프리카 대륙으로 들어온 유럽 열강이 강
제로 두 나라로 나눈 것이기 때문이다.

콩고민주공화국 쪽은 구 벨기에령이고 콩고공화국은 구 프
랑스령이었던 것이다.

## 태평양은 언제부터 태평양이라고 불렸을까?

태평양은 세계의 해양 면적의 46%나 차지하고 있다. 지구
의 바다 중 거의 반은 태평양인 것이다.

이 광대한 해역을 '태평양(太平洋)'이라고 이름 붙인 것은
16세기의 항해가 마젤란이다. 그가 인류 최초로 세계일주 항
해를 도전하여 남미 남단의 거친 바다에서 이 바다 쪽으로 배
를 돌렸을 때 놀라울 정도로 바다가 평온했기 때문에 'Mare
Pacificum(라틴어로 평온한 바다라는 의미)'이라고 이름 붙였다
고 한다. 영어의 'Pacific Ocean'은 여기서 유래한 것이고

‘태평양’은 그 한역이다.

마젤란이 태평양을 횡단한 것은 1520년부터 1521년에 걸친 일이다. 그러나 당장 태평양이라는 이름이 정착된 것은 아니었다.

1602년, 이탈리아인 선교사 마테오리치가 포교원인 중국에서 작성한 지도에는, 태평양은 ‘寧海(영해)’ 또는 ‘大東海(대동해)’로 기입되어 있다. 영해는 남태평양 일대를, 대동해는 하와이군도 주변의 북태평양을 가리키며, 일본의 동쪽 해역은 ‘소동양’이라는 이름으로 부르고 있다.

그 후에도 태평양이라는 이름은 쉽게 정착이 안 돼서 태평해, 동양대해, 평양, 정해 등 여러 이름으로 불려왔다. 그 후

19세기 말 무렵 드디어 '태평양'이라는 이름으로 정착되는
데, 이는 마젤란의 항해 이후 3세기나 걸린 것이다.


## 세계에서 가장 흔한 지명은?

　세계의 지명을 모두 데이터베이스에 정리하여 컴퓨터로 검
색하면 세계에서 가장 많은 지명을 찾을 수 있다. 그러나 이
것은 현재 상태에서는 탁상공론에 불과하다. 유감스럽게도
지금은 그와 같은 데이터베이스는 존재하지 않기 때문이다.

　그러나 어떠한 지명이 가장 많이 있는지 대충 감은 잡힌다.
결론부터 말하자면 '워싱턴'이다. 이는 미합중국의 초대 대통
령 조지 워싱턴을 기념한 지명이다.

　워싱턴 D.C.나 워싱턴 주는 누구나 알고 있지만 워싱턴을
기념한 지명은 그것뿐만이 아니다.

　놀랍게도 미국에는 군명, 시읍면 등에 워싱턴이 붙는 지명
이 300여 개가 넘는다. 여기에다 도로 명을 합치면 가볍게
1,000개를 넘을 것이다.

　그러나 그 정도는 아직 시작만 한 것으로 워싱턴은 하천이
나 산악, 호수 등의 이름에도 자주 쓰이고 있다. 다리나 댐 등

에도 인기가 높은 이름이기 때문에 워싱턴이 붙는 지명은 앞으로도 더 늘어날 전망이다.

또 워싱턴은 독립의 상징으로 미국뿐만 아니라 아프리카에서도 인기가 높다. 아프리카도 워싱턴을 기념하는 지명의 창고다. 지명연구가들 중에는 워싱턴이라는 지명은 전 세계적으로 5천은 넘을 것이라고 하는 사람도 있는데, 실제로는 그 정도는 아무것도 아닐지 모른다.

어쨌든 5대륙 중 미국과 아프리카라는 2대륙을 제압하고 있으니까 워싱턴이 세계에서도 가장 흔한 지명이라는 것에는 의심의 여지가 없을 것이다.

## 싱가포르는 사자가 없는 사자의 거리?

싱가포르의 '싱가포르'란 '머 라이언'에서 온 말이다. 싱가포르를 방문한 적이 있는 사람들이라면 머리는 라이언이고 하반신은 물고기인 머 라이언 상을 한 번쯤은 본 적이 있을 것이다.

싱가포르라는 국명도 역시 라이언에서 유래한 것인데, '싱가'는 고대 산스크리트어의 '사자(singgha)', '포르' 역시 고대 산스크리트의 '거리(pura)'에서 온 것이다. 즉 '사자의 거리'라는 소리다.

이 유래를 알면 '싱가포르 주변에는 옛날에 사자들이 많이 있었구나'라는 생각이 들겠지만, 이상하게도 고서를 아무리 뒤져봐도 싱가포르에 사자가 살았었다는 기록은 찾을 수 없다. 그런데 왜 사자의 거리가 된 것일까?

여기에는 여러 가지 설이 있다. 우선 기원설이다. 12세기에 이 섬을 공략했던 수마트라 왕이 왕가 번영을 기원하며 사자의 힘을 빌리려고 그렇게 이름 붙였다는 설이다.

두 번째 설은 역시 수마트라 섬 고대 제국의 왕자가 이 섬에서 사자를 만난 경험에서 사자의 거리라고 불렀다고 한다. 단 이 이야기는 너무나도 전기적인데 왕자가 만난 사자는 머리가 검고 몸이 붉으며 가슴이 하얗다고 하므로, 사자라기보다는 괴물에 가깝다.

세 번째 설은 11세기 초, 이 섬을 습격한 동인도의 왕에 의해 붙여졌다는 설이다. 그 왕이 어떤 이유로 사자의 거리라는 이름을 붙였는지 확실치 않지만 '싱가포르'가 원래 산스크리트어라는 것을 봐서 최근에는 이 설이 유력시되고 있다.

이처럼 유래에는 여러 가지 설은 있지만, 이 섬이 천 년 전부터 이 이름으로 불렸다는 것만큼은 틀림없는 사실인 모양이다.

## 에베레스트는 어디에서 온 이름?

세계에서 가장 높은 산 이름은 에베레스트이다. 이 에베레스트는 아이들이 처음으로 외우는 외국의 산일 것이다.

'세계에서 가장 긴 강은? 나일 강' '세계에서 가장 큰 호수는? 카스피 해!' 라는 사실을 안다고 해도 역시 에베레스트를 이길 수는 없을 것이다.

그 이름은 인명에서 유래하고 있다. 인도 측량국의 초대 장관인 영국인 조지 에베레스트 경이 1941년, 처음으로 이 산의 위치와 해발을 정확하게 기록한 것이다.

그런데 이 산은 최근에는 식민지 시대에 붙여졌던 '에베레스트' 라는 영어명이 아니라 그 고장 언어, 티베트명인 '초모랑마' 로 불리는 일이 많다.

초모랑마(Chomolungma)란 Chomo(여신) + Lungma(세계)로 '세계의 여신' 이라는 의미이다.

앞으로는 누군가 '세계에서 가장 높은 산은?' 하고 묻는다면 '초모랑마!' 라고 대답하는 것이 국제기준이라고 할 수 있을 것이다.

참고로 세계 제2의 높은 산도 같은 히말라야의 K2다. 해발은 초모랑마보다 약 240미터 정도 낮은 8,611미터이다. 지나치게 짧은 K2라는 이름은 원래 잠정적으로 붙여진 측량번

호인데, '칼락코럼(Karakorum) 산맥의 제2호'라는 의미가 정착된 것이다.

지금도 이 산의 K2라는 기호가 일반적으로 쓰이고 있는 것은 원래부터 현지에서 쓰였던 이름이 없어서인데, 현지 이름이 없었던 것은 살기에는 너무나도 혹독한 곳이어서 근처에 부락이 없었기 때문이다.

지금도 K2를 정복하는 것은 에베레스트 정상에 오르는 것보다 훨씬 어려운 것으로 여겨진다.

## 기니와 뉴기니는 어떤 관계?

세계지도를 보고 있으면 어딘지 모르게 닮은 듯한 지명이 많다는 사실을 느끼게 된다.

예를 들면 기니와 파푸아뉴기니이다. 기니는 아프리카 대륙의 대서양 해안에 위치한 나라이고, 파푸아뉴기니는 오스트레일리아 대륙 북쪽에 위치한 섬나라이다. 대체 어떤 관계가 있는 것일까?

'파푸아' 는 말레이 폴리네시아어로 곱슬머리라는 의미이다. 최초에 이 땅을 밟은 포르투갈 인들이 현지 사람들의 머리 모양을 보고 그렇게 불렀던 모양이다. '뉴기니' 란 현지 사람들의 외모가 기니 사람들과 흡사하여 붙인 것으로, 스페인 항해사 디 레이티스가 붙인 이름이다.

다음은 멕시코와 뉴멕시코이다. 뉴멕시코는 미국의 주 이름으로, 텍사스 주와 애리조나 주 사이에 낀 듯한 곳에 위치하며 멕시코와 국경을 접하고 있다. 이것은 개척자들이 멕시코처럼 금이 많이 나오는 토지이기를 기원하며 붙였다는 설이 유력하다.

마지막으로 오스트레일리아와 오스트리아이다. 이것도 이 정도로 닮아 있으면 무언가 관련이 있는 것처럼 보이는 게 당연하다.

오스트레일리아는 라틴어로 남쪽을 의미하는 'australis' 에서 온 말이다. 이 대륙이 유럽인들에 의해 발견된 것은 17세기의 일인데, 이 이름을 정한 유래는 고대 그리스 시대로 거슬러 올라간다.

당시 사람들은 적도의 남쪽에 알려지지 않은 대륙이 있다는 것을 예상하고 '테라 아우스트랄리스 잉코그니타(알려지지 않은 남쪽의 대륙)' 라 부르고 있었던 것이다. 이 신대륙의 이름은 그 오래된 라틴어에서 온 것이다.

한편 오스트리아는 게르만어 계로 동쪽을 의미하는 'ost' 와 변경지를 의미하는 'mark' 에서 편의상 다른 음으로 변하여 '에스토라이히' 가 되고, 그것이 영어화되어 'Austria' 가 되었다. 프랑크 왕국 동쪽 끝에 위치하고 있기 때문에 이 이름이 붙여진 것이다.

오스트레일리아와 오스트리아, 기대한 만큼의 관계는 없었다. 관련이 있다고 한다면 둘 다 방향을 나타내는 언어에서 왔다는 정도쯤일 것이다.

## 하와이란 어떤 의미?

눈부신 백사장과 에메랄드빛 바다, 황홀한 일몰과 감미로운 기타 선율. 가히 지상천국이라고 불릴 만한 환상의 섬, 하와이는 누구나 한 번쯤 가 보고 싶어하는 최고의 휴양지로 잘 알려져 있다. 그런데 막상 '하와이'라는 이름의 의미와 그 유래를 묻는다면 많은 사람들이 고개를 갸웃거릴 것이다.

하와이는 폴리네시아어로 '신이 계신 곳'이라는 신성한 의미를 가지고 있다.

'와이키키(Waikiki)'를 시작으로 하는 하와이의 각 지명에는 그에 어울리는 의미가 있다.

와이키키는 '내뿜는 물'이라는 의미로, 지금은 상상도 할 수 없지만 과거에 이 지역은 용솟음치는 물을 뿜어내던 습지대였던 것이다.

'호놀룰루(Honolulu)'는 '숨겨진 항구'라는 의미로 진주만에 현재와 같은 항구가 열리기 전에는 조용한 만이었다는 사실에서 붙여진 이름이다.

또한 아침 해가 아름답기로 유명한 마우이 섬의 '할레아카라(Haleakala)'는 '천국의 집'이라는 의미다.

그런데 이 하와이 제도는 자칫하면 '샌드위치' 제도로 불렸을지도 모른다.

　1777년, 쿡 선장이 이 섬을 발견했을 때, 당시의 해군 총 사령관이었던 샌드위치 백작의 이름을 기념하여 샌드위치 제 도로 이름을 지었다. 이 샌드위치 백작은 먹는 음식인 샌드위 치의 유래가 된 트럼프 광으로도 유명한 백작이다.

　그 후, 카메하메하 1세가 부족 간의 분쟁이 심했던 그곳을 통일하여 하와이 왕국을 건국했다. 이후 이 섬들은 하와이로 불리게 된 것이다. 즉, 지금의 하와이가 하와이로 불리는 것 은 카메하메하 1세의 덕분이라고 할 수 있는데, 이는 우리들 에게도 감사한 일이라고 볼 수 있지 않을까?

　"이번 휴가 때는 샌드위치로 놀러 가자!"라고 하면 아무래 도 좀…….

## 모스크바와 시베리아의 뜻밖의 공통점이란?

'mosk'는 '늪지대', 'va'는 '물', 그러므로 'moskva'는 '늪지대의 물'이라는 의미가 된다. 모스크바라는 지명은 원래는 강의 이름으로 시작하여 그 후, 몇 개에 걸친 작은 부락의 이름이 되었다. 그 모스크바가 현재의 러시아 수도이다.

유럽의 서쪽, 아시아의 북쪽에 위치하는 이 광대한 토지는 예로부터 여러 세력에 의한 침략의 위기를 겪어야만 했다. 그리고 결국 나폴레옹이나 히틀러의 침공을 물리친 혹독한 기후로도 13세기, 동방에서 쳐들어온 몽고인들의 침략은 막을 길이 없었다.

그 혼란 속에서 대두한 것이 모스크바였다. 15세기, 몽고의 세력을 피한 모스크바인들은 서서히 지배 영역을 확대시켜 결국에는 시베리아까지 정복하게 된다. 그러한 이유로 늪지대 강가의 한편에 있던 작은 부락이 세계에서도 손꼽히는 대국의 수도명이 된 것이다.

러시아의 지명은 '○○스크' '○○그라드'라는 식으로 어미가 독특한 경우가 많다. '스크'와 '츠크'는 거리를 나타내는 접미어로, 탐험가 하바로프의 이름을 기념하여 붙인 '하바로프스크'가 유명하다.

'그라드'의 어원은 산이나 언덕이라는 의미에서 온, 도시를 나타내는 접미어로 '레닌그라드(현 상트페테르부르크)' 등이 유명하다.

참고로 '시베리아'의 어원은 'Sibir'로, 라틴어로 국가를 나타내는 접미어에 '-ia'를 붙인 것이다. 'Sibir'는 몽고어로 '늪지대'를 의미한다. 그 말은 시베리아와 모스크바는 원래 같은 의미라는 소리다.

## 필리핀이란 이름의 유래는?

'필리핀'이란 이름은 당시의 스페인 황태자, 후에 펠리페 2세의 이름에서 유래하고 있다. 펠리페 2세는 세계사 교과서에도 자주 등장하는 스페인 전성시대의 왕이다.

필리핀 이름을 붙인 사람은 당시 스페인의 멕시코 총감인 빌라로보스이다. 16세기 무렵 현재의 필리핀 주변에는 스페인과 포르투갈의 세력이 부딪치면서 분쟁이 끊이지 않았다. 이 시기에 빌라로보스는 함대를 이끌고 이 땅을 방문하여 이 지역 일대를 필리핀이라고 부른 것이다.

그런데 빌라로보스는 1543년에 민다나오 섬의 안보이나라는 곳에서 원주민들의 저항과 먼저 상륙해 있던 포르투갈

인들의 공격으로 살해당하고 만다. 일찍이 페르디난도 마젤란 역시 필리핀에 도착한 후, 부족 간 다툼에 휘말려 살해당한다.

이리하여 스페인은 어렵게 필리핀을 손에 넣었지만 1901년, 미서 전쟁에서 패한 후 필리핀을 미국에 매각하게 된다. 그 후, 필리핀에서는 독립운동에 불이 붙어 태평양전쟁 때 일본군에 점령당한 이후 1946년에 독립하게 된다. 스페인에 오랜 세월 통치를 당했던 필리핀에는 지금도 가톨릭 신자들이 많다. 필리핀의 수도는 마닐라인데, 이 이름은 현지어인 타갈로그어에 어원이 있다. '남색의 원료가 되는 풀잎'을 의미하는 'nila' 앞에 '있다'는 의미의 'mai'가 붙은 '마이니라'가 줄어 '마닐라(Manila)'가 되었다고 한다.

CHAPTER **5**

# 기후, 기상의 수수께끼

# 세계에서 가장 더운 곳, 추운 곳은?

세계에서 가장 더운 곳을 말하자면 적도 바로 아래의 정글, 남해의 섬, 사막지대 등이 떠오를 것이다. 반대로 세상에서 가장 추운 곳을 말하자면 누구든지 남극이나 북극이라고 생각할 것이다.

사실 그대로이다. 우선 가장 추운 쪽을 말하자면, 이제까지의 최저기온은 1983년 7월, 영하 89.2도를 기록한 남극이다. 하지만 이 숫자는 항상 관측을 하고 있는 지점에서 기록한 것이기 때문에 광대한 남극대륙에는 더 추운 곳이 존재할지도 모른다. 어쨌든 남극이 세상에서 가장 추운 곳이라는 것만은 부정할 수 없는 사실이다.

사람들이 평범하게 살고 있는 곳에서 가장 추운 곳은 러시아의 시베리아다. 그중에서도 시베리아 북부에 있는 야쿠치야 자치공화국은 특별히 춥다. 겨울의 평균기온은 영하 50도 이하이다.

지금까지의 최저기온은 1892년에 베르호얀스크, 1933년에 오이먀콘에서 기록된 영하 67.8도이다. 보기만 해도 한기가 드는 숫자가 아닌가.

그리고 가장 더운 곳으로 지금까지의 최고 기록은 1922년 9월에 이라크 바스라에서 기록된 58.8도이다. 이라크에서는 기온 40도, 50도는 흔한 일이지만, 아무리 더위에 익숙한 이라크 사람들도 그날의 더위에는 두 손을 들었을 것이다.

덥다
더워…

58.8°

-89.2°

어찌 됐든 영하 60도 이하의 시베리아에서도, 60도 가까이 기온이 올라가는 이라크에서도 사람들이 건강하게 살아가고 있는 모습을 보면 인간의 환경 적응능력은 실로 대단하다는 생각이 든다.

참고로 일교차의 최고 기록은 1926년 1월, 미국 몬태나 주 브라우닝이라는 마을에서 기록된 55.5도이다. 하루 사이에 6, 7도에서 순식간에 영하 48.8도까지 떨어졌다니 엄청난 일이 아닐 수 없다. 그런 날은 대체 어떤 옷을 입고 외출해야 하는 걸까?

## 바이칼 호 주변이 다른 지역보다 따뜻한 이유는?

시베리아는 혹한의 땅이다. 한겨울에는 영하 40~50도인 날이 당연한 듯 이어진다. 가까운 가게에서 맥주를 사도 방으로 들어오기 전에 얼어버리기 때문에 '냉장고'로 해동하지 않으면 마실 수 없다는 믿을 수 없는 장소이다.

그러나 그런 겨울의 시베리아에도 비교적 지내기 쉬운 곳이 있다. 바로 바이칼 호의 주변지대이다. 바이칼 호 주변은 한겨울에도 다른 지역보다 10도 정도 따뜻하다. 어째서 바이칼 호 주변은 온난한 기후가 되는 것일까?

그것은 바이칼 호 수온의 힘 때문이다. 바이칼 호의 표면 수온은 한겨울에도 0.3도 정도이고 심층수온은 3.2도 정도를 유지하고 있다. 모든 것을 얼려버리는 세계의 한가운데 위치해 있는 것에 비해서는 의외로 따뜻한 편이다. 이 수온의 영향으로 바이칼 호 주변은 다른 지역보다도 따뜻해진다.

말하자면 바이칼 호는 시베리아 대지를 덥혀주는 거대한 난로와 같은 역할을 하는 것이다.

아무리 수온이 따뜻해도 그것만으로 기온이 10도나 차이가 날까, 하고 생각하는 사람도 있을 텐데, 물론 평범한 호수라면 기온에 그 정도의 영향을 줄 힘은 없다. 이것은 세계 최대의 담수 호수인 바이칼 호에서만 볼 수 있는 현상이다.

어쨌든 바이칼 호는 크다. 심층수온이 한겨울에도 3도 이상이나 된다는 것도 평균 수심 740미터, 가장 깊은 곳은 1,741미터나 되기 때문에 가능한 일이다. 이 바이칼 호의 엄청난 크기가 기온마저 바꾸어놓는 것이다.

하지만 아무리 바이칼 호 주변이 따뜻하다고는 하나 원래가 영하 40도, 50도인 세상이다. 10도 정도 따뜻하다고 해도 혹한지대라는 사실에는 변함이 없다. 또 호수에서 불어오는 바람은 많은 수분을 품고 있기 때문에, 다른 지역보다 체

감온도가 낮을 때도 있다.

'분명히 이 주변은 따뜻하다고 했는데……' 라는 생각으로 털 코트를 벗으면 순식간에 동사할지도 모른다. 이 지역에서 '따뜻하다' 고 하는 것은 어디까지나 비교의 문제라는 것을 잊어서는 안 된다.

## 어째서 위도 20도 부근에는 사막이 많을까?

햇볕이 바로 위에서 내리쬐는 적도는 지구상에서 가장 더운 장소라는 인상이 있는데, 의외로 적도지대에는 살기 편한 곳도 많다. 그것은 높은 지역이 많고 비가 많이 내리기 때문이다. 사막지대가 많은 곳이 그 부근이다.

북반구에서나 남반구에서도 사막이 많은 곳은 위도 20도 부근이다. 세계지도를 펼쳐놓고 보면 신기하게도 약속이라도 한 것처럼 사하라사막도, 아라비아사막도, 또 남반구인 오스트레일리아 내륙부도 그 주변에 있다. 어째서 위도 20도 부근에 사막이 쫙 펼쳐지게 된 것일까?

여기에는 지구를 둘러싼 대기 순환이 연관되어 있다.

적도 부근 공기는 저위도의 공기보다 태양이 직각에 가깝게 내리쬐기 때문에 열로 더 데워져 지상 16킬로미터 정도의 높이에 있는 대류권(극지방은 이보다 낮은 약 7킬로미터 정도)과 성층권 경계선 주변까지 상승한다. 상승한 뜨거운 공기는 남북으로 나뉘어 위도 20도 주변까지 이동한 뒤 고위도로부터 이동한 공기와 마주쳐 단숨에 하강하고, 또 적도 부근으로 돌아오는 식으로 대기는 순환한다. 이것이 위도 20도에 사막이 많아진 원인이다. 그 지역이 사막이 되는 최대 원인은 비가 내리지 않기 때문인데, 비를 동반하는 전선은 저기압이 아니면 오지 않는다. 적도 부근은 공기가 상승하기 때문에 저기압이 되어 비가 자주 오는데, 이 때문에 공기가 하강하는 위도 20도 부근은 고기압이 되는 것이다. 그래서 연중 쾌청하고, 비도 내리지 않아 토지가 메마르면서 사막화가 진행되는 것이다. 사막은 단순히 덥기만 해서 생기는 것이 아니라 이와 같은 대기 순환과 연관되어 있다는 소리다.

그러나 위도 20도 부근이 처음부터 사막이었냐 하면 그렇지는 않다. 7만 년에서 1만 년 전에는 사하라사막 주변도 초록이 무성한 습윤기후였다고 한다. 현재는 지구온난화의 영향도 있어서 더욱더 넓어지기만 하는 사막이지만, 다시 한 번 빙하기가 찾아오면 재차 초록이 무성한 토지로 바뀔 가능성이 없다고는 할 수 없는 것이다. 아니, 지구 멸망의 날까지는 그러한 시기가 찾아올 확률이 더 높을 것이다.

## 런던은 왜 안개로 유명할까?

파리가 꽃의 도시로 불린다면 런던은 안개의 도시이다.

파리를 꽃으로 비유하는 것은 파리가 예술, 패션의 중심지라는 것에서 유래한 것인데, 런던을 안개의 도시로 부르는 것은 정말로 안개가 많기 때문이다. 안개는 런던의 명물 중의 하나여서 런던을 무대로 한 소설이나 영화에서는 빼놓을 수 없는 소재가 되었다.

런던에 안개가 많은 것은 영국의 먼 바다를 흐르는 해류 때문이다. 영국 주변에는 남서로 멕시코만류(난류)와 북동으로는 북극 해류(한류)가 각각 흐르고 있다. 그리고 이 두 해류가 좁아지는 도버 해협에서 정면충돌하는 것이다.

그러면 멕시코만류가 가져오는 따뜻하고 습한 공기는 차가운 북극 해류에 인해 차가워지는데, 그것이 대량의 안개가 되어 런던 거리를 뒤덮는 것이다. 매년 10월 하순에서 1월에 걸쳐 안개가 자주 발생하는 것은, 특히 이 무렵이 북극 해류의 기세가 강해지기 때문이다.

이것이 런던이 안개의 도시가 된 기상적인 이유인데, 그것으로 설명이 다 끝난 것은 아니다.

런던의 안개를 말하자면 너무나도 진하기로도 유명하기 때문이다. 그럼 어째서 런던의 안개는 그렇게 진해졌을까?

5장 · 기후, 기상의 수수께끼

여기에는 겨울 동안 난방용으로 태우는 석탄의 매연이나 주변 도시의 공장 연기와 같은 매연이 연관되어 있다. 매연은 정도의 차이는 있지만 어떤 도시에서나 발생하는 것인데, 대개는 시간이 지나면 바람에 실려 분산된다. 그러나 안개의 도시 런던에서는 그렇지가 않다. 안개와 매연이 대기 중에서 응결하여 점점 밀도가 높아져버린다.

아무리 명물이라고는 해도 이 정도면 관광객들도 도망쳐버릴 것이다. 그래서 영국에서는 1956년, 공기청정법을 제정했다. 이 법률로 인해 대기오염에 큰 제동이 걸려 악명 높던 안개가 조금씩 옅어졌다고 한다. 최악의 시기와 비교하면 겨울의 일조시간이 50%나 증가했다는 보고가 나올 정도이다.

다시 말해, 런던에 안개가 많은 것은 변함없는 사실이지만 명탐정 셜록 홈스가 활약했던 시대처럼 '우유를 쏟아부은 것 같은 안개'는 아니라는 소리다.

## 사막에 의외로 홍수 피해가 많은 이유는?

사막을 여행하는 도중 사망했다는 말을 들으면 목마름에 고통스러워하는 모습이 떠오르게 마련인데, 실제로 사막에서는 물 부족으로 죽는 것보다는 물에 빠져 죽는 사람 쪽이 훨씬 많을 정도라고 한다.

사막의 강수량은 기껏해야 연간 20~30밀리미터 정도이다. 비가 내린다고 해도 대단한 양은 아니다. 그런데 어떻게 물에 빠져 죽는다는 걸까?

그 정답은 사막은 웬만해서 비가 내리지 않기 때문이다. 이게 무슨 소리인가 싶을 것이다.

사막에는 거의 비가 내리지 않는다. 그래서 사막의 모래는 단단히 메말라 굳어지면서 가끔씩 비가 내려도 물을 빨리 흡수하지 못한다. 그러므로 내린 비는 순식간에 저지대를 향해 일제히 흘러간다. 이 물이 땅으로 스며드는 일 없이 사막을 흘러가다 그중 가장 낮은 장소에서 몇 개의 흐름이 모여 급류로 흘러간다. 따라서 여행자들은 여기에 휩쓸려버리기 쉬운 것이다.

사막에는 구 하천길이라는 길이 있는데, 그 길은 예로부터 그와 같은 과정으로 홍수가 지나가면서 생긴 것이다. 구 하천길은 평평해서 걷기 쉬우므로 여행자들은 이 길을 따라 사막을 지나가려고 하는데, 이 때문에 일단 비가 내리면 생명을 잃는 사람이 나오는 것이다.

또 사막에 비가 내리는 것은 대개 저녁 무렵으로 비가 모여 폭포수가 되는 것은 밤이다. 피곤함에 절은 여행객들이 깊이 잠에 빠져 있을 무렵이다. 방심하고 길 한가운데서 잠에 빠져 있다가는 말 그대로 자다가 날벼락을 맞을 것이다. 그러므로 사막에서의 숙영지는 약간 높은 장소를 택하는 것이 생명을 지키는 비결이다.

물론 비의 절대량은 적기 때문에 이런 사고가 빈번히 일어나는 것은 아니다. 홍수가 같은 장소에서 일어나는 것은 10년이나 20년에 한 번 있을까 말까라고 한다.

그렇지만 천재(天災)란 잊어버릴 만하면 찾아오는 법. 유비무환이라는 말이 있듯 미리 준비하면 근심이 없을 것이다.

## 고비사막에서는 햇볕이 쨍쨍 내리쬐면 홍수가 난다?

지구는 넓다. 비가 내리면 사막에서도 홍수가 난다는 사실은 알았지만, 이 지구에는 햇볕이 내리쬐는 날이 계속되면 홍수가 나는 장소도 있다.

그곳은 바로 고비사막이다. 여러 날 햇볕이 내리쬐면 오아시스가 넘쳐 주변 마을이 잠겨버린다는 것이다.

그 원인은 고비사막에서 멀리 떨어진 곳에 솟아 있는 톈산 산맥에 있다. 이 톈산 산맥은 길이 약 2,000킬로미터에 이르는 대 산맥이다. 최고봉 포베디 산은 해발 7,439미터의 높이를 자랑한다. 당연히 톈산 산맥의 높은 곳은 한여름에도 만년설로 덮여 있다.

문제는 이 만년설이다. 고비사막에서 햇볕이 내리쬐면 톈산 산맥을 덮고 있는 대량의 눈이 녹기 시작한다. 그것이 지하 수맥으로 흘러나가 지하수의 출구인 오아시스에서 일제히 물이 뿜어나오는 것이다.

2,000킬로미터에 이르는 대 산맥에서 녹아 흘러나오는 물이 집중적으로 분출하는 것이므로 그 엄청난 수량은 결코 장난이 아니다.

다시 한 번 말하자면, 톈산 산맥의 눈이 녹아 흐르는 물은 5,000킬로미터나 떨어진 오아시스까지 흘러갈 정도이다. 이 얼마나 엄청난 규모인가!

## 멕시코시티의 대기오염이 심각한 이유는?

국제연합의 보고에 의하면, 현재 세계에서 대기오염이 가장 심각한 곳은 멕시코시티라고 한다.

사실 멕시코시티에는 공장이 집중되어 있고 자동차 교통량
도 많다. 그러나 주변 환경이 그와 같은 정도의 도시는 멕시
코시티가 아니더라도 세계 곳곳에 얼마든지 많다. 그렇다면,
도대체 무슨 이유로 멕시코시티의 대기오염은 그토록 심각한
것일까?

거기에는 해발 2,300미터라는 멕시코시티의 입지조건이
연관되어 있다. 그 정도의 해발이면 평지보다 산소가 희박하
기 때문에 공장에서도 자동차에서도 불완전연소가 일어나기
쉽다. 그래서 이 도시에서는 다른 곳보다도 가스가 대량 발생
하기 쉬운 것이다.

이렇게 위험한 가스가 원인이 된 스모그가 멕시코시티 분

세상에서 가장 재미있는 세계지도

지에 충만해 있다. 그것은 분명 심각한 사태이다.

멕시코시티에는 빈민가도 많아 거리에는 떠돌이 아이들이 넘치고 있다. 당연히 범죄도 다발하는 곳이다. 대기오염 문제뿐만 아니라 멕시코시티가 안고 있는 문제의 심각성은 너무나도 뿌리가 깊다.

## 엘니뇨 현상은 왜 일어나는가?

요 몇 년 사이 세계에서는 기상이변이 속출하고 있는데, 그 원인 중 하나로 꼽히는 것이 '엘니뇨 현상'이다.

엘니뇨 현상은 남미의 서해안, 에콰도르부터 페루 북부 먼 바다에서 수온이 상승하는 이상 현상을 말한다.

어째서 이러한 현상이 일어나는가를 따져보면, 여기에는 해류와 무역풍이 연관되어 있다.

우선 해류를 살펴보면, 이 주변은 페루 해류(훔볼트 해류)라는 한류가 흐르고 있다. 페루 해류는 남극 근처에서 적도를 향해 북상하여 에콰도르 먼 바다에서 진로를 서로 바꿔 남태평양 중앙부로 향한다.

이 해류가 언제나 에콰도르 먼 바다까지 흘러오면 문제가 없는데, 12월에서 3월에 걸쳐 에콰도르 먼 바다까지 북상하지 않고 페루 북부 주변에서 서쪽으로 흘러가버리는 것이다. 그 이유는 해류를 움직이는 무역풍이 이 무렵 약해지기 때문이다.

페루 해류가 흘러오지 않으면, 에콰도르 먼 바다에는 적도 부근의 따뜻한 물이 한가득 밀려온다. 그래서 수온이 상승한다는 얘기다.

이 현상은 매년 반드시 일어나는데, 몇 년에 한 번씩 해수의 상승현상이 예년보다 길게 이어지는 일이 있다. 그것이 엘니뇨 현상으로 세계 각지에서 각종 기상이변 현상을 가져오는 것이다.

특히 1982년부터 3년에 걸친 엘니뇨 현상은 800년에 한 번 일어날 수 있는 정도의 대규모였기 때문에, 세계의 재난을 가져오는 악역으로 일약 유명해졌다.

그러나 오히려 남미 서해 연안에 사는 사람들에게 있어서 엘니뇨 현상은 결코 악역은 아니다. 엘니뇨 현상이 가져오는 비 덕분에 바나나나 코코넛의 풍작을 기대할 수 있는 것이다. 또 칠레의 아타카마사막에 꽃밭이 있는 것도 엘니뇨 현상 덕분이다.

# 왜 히말라야는 겨울보다 여름에 큰 눈이 내릴까?

눈은 겨울에 내리는 것, 우리들에겐 이것이 당연한 상식이다. 그러나 세계의 지붕 히말라야 산맥에서는 그것이 비상식이 되고 있다. 그것은 빙하의 성장을 봐도 알 수 있다. 알프스 산맥 등 서구의 빙하에서는 겨울에 눈이 쌓여 성장해간다. 그런데 히말라야의 빙하는 여름에 성장한다. '하설(夏雪)형 빙하'인 것이다.

도대체 왜 히말라야에서는 여름에 눈이 내리는 것일까?

그 비밀은 이 지대 일대를 지나가는 계절풍과 그 계절풍을 거대한 산맥이 가로막고 있는 지리적인 조건에 있다. 이 지역에서는 여름이 되면 인도양에서 수증기를 가득 품은 계절풍이 불어온다. 이 계절풍이 인도양 상공을 지나 히말라야산맥에 부딪혀 습기를 가득 품은 채 순식간에 식어버려 대량의 눈을 내리게 하는 것이다.

또 이 히말라야의 여름 눈과 우리나라의 장마는 형제와 같은 사이다. 장마전선은 북쪽의 차가운 대륙성 기단, 남쪽의 따뜻한 몬순 기단이라는 두 개의 기단이 부딪치면서 생긴다.

여름이 되면 인도양이 만들어내는 습하고 따뜻한 공기가 동남아시아를 거쳐 우리나라까지 흘러오게 되고, 이 계절풍이

우리나라에 장마전선을 만들어내는 기단의 한 조각이 되는 것이다. 이 때문에 히말라야의 눈도, 우리나라의 장마도 인도양을 부모로 하는 형제와 같은 기상현상이라고 할 수 있는 것이다.

최근에는 지구온난화의 영향이 여러 분야에서 걱정거리로 대두되고 있지만, 히말라야의 빙하문제도 걱정하지 않을 수 없다. 지구의 기온이 올라가면 여름에 내리는 눈은 비로 변하기 쉽다. 그렇게 되면 빙하의 성장에도 당연히 영향을 미친다. 온난화가 녹이고 있는 것은 남극의 얼음뿐만이 아닌 것이다.

물론 히말라야의 빙하가 녹기 시작하면 그 하류에 있는 방글라데시와 같은 삼각주 지대는 엄청난 홍수를 겪게 되리라는 것은 불을 보듯 뻔한 일이다.

## 적도 부근에 사는 펭귄과 바다표범의 비밀은?

펭귄이라고 하면 남극, 바다표범이라고 하면 얼음 바다라는 이미지가 있다. 그러나 펭귄과 바다표범은 적도 부근에서도 적지 않게 살고 있다.

　그 대표적인 장소는 갈라파고스 제도이다. '진화론'으로 유명한 이 섬에는 세계적으로도 희귀한 고유종 생물이 수없이 살고 있다. 그중에서도 펭귄과 바다표범은 이 섬을 방문한 다윈 일행들도 놀라게 했을 것이다.

　이 섬에 사는 펭귄과 바다표범은 도대체 어떻게 이 섬으로 온 것일까?

　그 비밀은 해류에 있다. 남미대륙 서해안을 따라 북상하는 훔볼트 해류는 남극대륙에서 떨어져나온 '얼음의 영혼(테이블형 빙산을 말한다)'을 옮기는 일이 있다. 그때 남극의 펭귄이나 바다표범이 빙산을 타고 그대로 옮겨져 오는 것이 아닐까 추측하고 있다.

그렇지만 그런 만화 같은 이야기가 정말로 있는 것일까? 현재의 지구환경에서는 남극의 얼음이 북상하는 것은 남위 40도 주변까지로, 적도까지 도착하는 일은 있을 수 없는 일이다.

하지만 몇만 년 전인 빙하기라면 이야기는 달라진다. 물론 그 당시의 기온은 현재보다 훨씬 낮은데다, 또 페루의 먼 바다나 갈라파고스 제도 주변의 해역에는 해저에서 해면을 향해 용승류라는 차가운 해수의 해류가 있어서, 적도 바로 아래치고는 수온이 낮았다. 그러한 조건들이 겹쳐 펭귄이나 바다표범의 선조들이 빙산을 타고 이 지역에 도착한 것이 아닐까 추측하는 것이다.

하와이에도 몽크 바다표범이라는 고유종이 살고 있는데 이것도 비슷한 경위로 하와이 제도로 흘러왔다고 여겨진다. 현재 하와이의 바다표범은 엄격하게 보호를 받고 있기 때문에 서식지로 접근해갈 수는 없지만, 와이키키 수족관에 가면 사랑스러운 모습을 볼 수 있다.

또 카우아이 섬이나 마우이 섬의 인적 없는 해변에 가끔씩 모습을 보이는 일도 있는 모양이다.

# 남극 주변의 바닷물이 모두 얼지 않는 이유는?

남극은 어느 정도 추운 곳일까? 관측기록에 의하면 가장 추울 때는 8월로, 평균기온은 영하 20도 전후이다. 그리고 가장 따뜻할 때는 1월로, 평균기온은 영하 1도 전후라고 한다.

의외로 살기 쉬운 계절도 있다는 말이지만, 일 년 내내 영하권 이하라는 사실에는 변함이 없다. 따라서 남극대륙의 대부분은 얼음으로 덮여 있다. 그리고 겨울이 되면 해면까지 '팩 아이스'로 불리는 얼음으로 덮여버린다.

그런데 여기서 의문이 발생한다. 남극 주변의 해역 중에서 한겨울에도 얼어 있는 것은 표면 근처뿐으로, 그 밑에서는 물고기들이 헤엄을 치며 해조가 무성하게 자라는 것이다. 어째서 남극의 바닷물은 모두 얼지 않는 것일까?

바닷물이기 때문에? 그렇다. 그 대답도 부분적으로는 맞는 말이다.

염분을 가진 물은 보통 물보다는 잘 얼지 않는다. 보통의 물은 0도에서 얼음이 되지만, 남극의 바닷물 정도의 농도인 염수는 영하 1.9가 되지 않으면 동결하지 않는다. 그러나 이유는 그것뿐만이 아니다.

바닷물이 흐르고 있기 때문에? 그것도 정답이다.

대체로 '남극의 바닷물'이라는 것은 존재하지 않는다. 남

극의 바다도 적도의 바다도 하나로 연결되어 있기 때문이다. 그리고 끊임없이 해류가 흘러 바닷물은 지구 전체에서 계속 움직이고 있다. 그러므로 남극이라고 해도 끊임없이 온도가 높은 물이 흘러들어와 극단적으로 수온이 내려가는 일은 없는 것이다.

거기다 물은 공기보다 쉽게 차가워지지 않는다는 것도 이유로 들 수 있다. 기온이 영하 몇십 도라고 해서 수온도 그렇게 내려가는 것은 아니다.

그리고 북극의 경우는 대륙인 남극과는 달리 기본적으로는 바다만 있기 때문에 더더욱 해수 온도가 내려가지 않고 쉽게 얼지도 않는다. 그래서 북극은 남극보다 기온도 훨씬 높다.

만약 북극권이나 남극권, 둘 중 한 곳에 살아야만 한다는 절대적인 선택을 해야 할 경우는 즉시 북극을 선택하는 것이 현명한 일이 될 것이다.

## 한반도보다 고위도에 있는 유럽이 온난한 이유는?

남프랑스라고 하면 온난하고 태양의 햇살이 눈부신 지역이라는 이미지가 있다. 그러나 막상 지도를 펼쳐들고 남프랑스의 위도를 살펴보면 생각이 달라질 것이다. 한반도에서 가장 추운 곳으로 알려진 평안북도의 중강진과 별 차이가 없는 것이다. 그런데 한겨울이 되면 평균기온이 영하 20도까지 떨어지는 그곳보다 남프랑스는 훨씬 따뜻하다. 그것뿐만이 아니라 훨씬 위도가 높은 파리 주변은 평균기온이 영하로 내려가는 일이 없다. 도대체 왜 그럴까?

유럽이 한반도보다도 고위도에 있음에도 불구하고 온난한 지역이 많은 것은 첫째로 해류 덕분이다. 멕시코 만에서 흘러오는 북대서양 해류라는 강력한 난류의 힘으로 겨울에도 그리 춥지 않은 것이다.

그러나 그것만으로는 설명이 부족하다. 대서양을 접한 지역에 대해서는 설명이 되지만, 내륙지방의 기후에 대해서는 설득력이 없다.

내륙지방까지 따뜻한 이유는 아열대 고압대에서 아한대 저압대로 향해 부는 편서풍이라는 바람이 영향을 미치고 있다. 이 바람 덕분에 유럽은 여름에는 시원하고 겨울에는 따뜻한 이상적인 기후의 축복을 받는 것이다.

약간 어려운 이야기인데, 유럽은 큰 대륙의 서쪽 끝에 위치하고 있다. 이러한 경우 편서풍은 여름에는 고위도(북)에서, 겨울에는 저위도(남)에서 불어온다. 그러므로 연평균으로 위도에 비해서는 따뜻하고, 더군다나 여름에는 시원하고 겨울에는 그다지 기온이 내려가지 않는 것이다.

그리고 북서유럽은 북독일 평원이나 동유럽 평원 등과 같이 해발 200미터에 미치지 않는 평탄한 지형이 펼쳐져 있다.

이 때문에 편서풍은 산에 부딪히는 일도 없이 내륙지방까지 넓은 범위에 걸쳐 따뜻한 공기를 가져다주는 것이다.

한편 한반도는 대륙의 동쪽 끝에 위치하고 있다. 이 경우 유럽과는 반대로 여름의 계절풍은 남동쪽에서 습하고 따뜻한 공기를 가져온다. 그리고 겨울에는 북서대륙에서 건조하고 차가운 공기가 날아온다.

말하자면 대륙의 동쪽 끝이라는 한반도의 위치가 고온다습한 여름과 건조한 겨울을 탄생시킨다는 말이다.

## 노르웨이에서는 북쪽으로 갈수록 따뜻해진다?

북쪽에 있는 나라라고 하면 말 그대로 추운 나라라는 의미가 된다. '북으로 가면 춥다.' 이것은 북반구의 상식이며 누구든 상식적인 감각으로 그렇게 생각한다.

그러나 노르웨이를 여행할 일이 있다면 다음의 사실을 기억해두는 것이 좋다. 노르웨이는 북반구에 있으면서도 북으로 갈수록 따뜻해지는 곳이다.

노르웨이 여행의 시작은 대체로 수도 오슬로가 된다. 오슬로는 북위 60도, 남북으로 가늘고 긴 노르웨이의 남쪽 측면에 위치하고 있다.

오슬로의 겨울은 상당히 혹독하다. 12월의 평균기온은 영하 5.8도로, 하루 중 최고기온이 0도를 넘지 않는 날이 대부분이다. 추위 때문에 발 감각이 마비되고 전신이 오그라든다고 한다.

이 오슬로의 시내 관광을 마쳤으면, 중앙역에서 철도를 타고 세계 최북단에 위치한 도시인 나르비크로 이동해보자. 나르비크는 북위 68도를 넘어 노르웨이에서도 가장 북쪽에 위치한 도시로, 북극권 내에 속해 있다.

그러나 신기하게도 그 주변에서는 1월이 되지 않으면 눈도 내리지 않고, 바다가 어는 일도 없다. 12월의 기온은 대개 영하 1~2도 정도이다.

어째서 남쪽에 있는 오슬로보다 북쪽인 나르비크의 기온이 높은 것인가?

그것은 나르비크가 해안에 있는 항구도시이기 때문이다. 유럽대륙의 서편으로는 멕시코 만에서 흘러오는 북대서양해류라는 난류가 흐르고 있다. 그 난류가 나르비크 주변에서 북상하고 있기 때문에 해안에서는 겨울이라도 비교적 따뜻한 것이다.

한편 오슬로는 위도상으로는 남쪽에 있어도 내륙형 기후이기 때문에 겨울의 추위는 혹독하다.

참고로, 노르웨이 관광의 하이라이트는 아름다운 피오르드 순례다. 물론 나르비크가 비교적 따뜻하다고는 하지만 여름에 방문하는 것 이상은 없다.

## 알래스카의 빙하가 북쪽보다 남쪽에 많은 이유는?

미국의 알래스카 주는 북미대륙의 북서쪽 끝단에 있다. 넓이는 153만 694제곱킬로미터로 미국에서 가장 큰 주인데, 그 3분의 1 이상이 북위 66.5도 이상인 북극권에 속해 있다.

알래스카를 관광하려면 볼 만한 곳은 여러 군데 있다. 그중에서도 글레이셔 베이 국립공원이 유명하다.

초록이 깊은 산림, 바다표범, 돌고래, 고래 등과 같은 동물들도 만날 수 있으며, 하이라이트는 뭐니 뭐니 해도 거대한 빙하다. 글레이셔 베이로 흘러 들어갈 듯이 형성된 16개의 빙하는 방문하는 사람들에게 자연의 장대함을 일깨워준다.

이 알래스카의 빙하는 어째서인지 추위가 혹독한 북부가 아니라 남부에 집중해 있다. 글레이셔 베이의 거대한 빙하도 주도인 앵커리지보다 남쪽에 있는 것이다. 도대체 왜 그럴까?

많은 빙하들이 남극, 파타고니아, 그린란드 등과 같은 극한의 땅에 있기 때문에 낮은 기온이 빙하가 자라는 이유라고 생각하기 쉽지만, 사실은 또 하나의 중요한 요인이 있다. 그것은 강수량이다.

빙하의 성장에는 눈이나 비를 빼놓을 수가 없다. 알래스카 남부는 바다에 접해 있기 때문에, 바다에서 불어오는 습한 바람이 알래스카 산맥에 부딪혀 많은 비와 눈을 내리게 한다. 빙하 관광의 거점 중 하나인 주노는 연간 강수량이 2,300밀리미터나 되는 비의 마을이다. 이러한 기상 조건이 수많은 빙하를 키우고 있는 것이다.

빙하는 눈이 녹지 않고 계속 쌓여 올라가 그 중압으로 눈 속의 공기가 배출되어 '얼음'이 된 뒤 엄청나게 늦은 속도로 '강'처럼 흘러가는 현상이다.

알래스카에는 현재 10만 개가 넘는 크고 작은 빙하가 있는데, 사실은 알래스카 전체의 약 5%가 빙하 밑에 있다.

그런데 여기에도 지구온난화의 영향이 밀려오고 있다. 빙하가 점점 녹고 있는 것이다. 과거에 빙하였던 곳이 지금은 대규모 산림지대로 변해버린 곳도 있다.

# 아름다운 지중해는 왜 더러워지기 쉬운가?

아름다운 해변의 휴양지라고 한다면 어디를 떠올릴 것인가? 오스트레일리아의 골드 코스트, 미국 서해안의 산타모니카, 아니면 남반구의 리우데자네이루 등과 모나코, 니스와 같은 지중해의 휴양지를 떠올릴 사람들도 있을 것이다.

지중해의 특징은 태평양과 대서양과는 달리 내해라는 점이다. 바다 주변을 유럽, 아라비아, 아프리카 등과 같은 육지가 둘러싸고 있는 것이다. 그런데 최근에는 내해라는 이유에서 큰 문제가 생기고 있다. 수질오염이 급속히 진행되고 있기 때문이다.

유럽 남해안과 아프리카 북해안으로 둘러싸인 지중해 연안에는 고대 그리스, 로마시대부터 수많은 도시가 발달해왔고, 20세기 이후에도 도시의 발달과 인구 증가는 더욱 빠르게 진행되고 있다.

또한 이 지역의 도시는 모두가 관광도시라고 말해도 좋다. 시즌이 되면 세계 곳곳에서 관광객들이 밀려들어 절정이 되면 연안 전체 인구가 2배나 된다고 한다.

그런데 거기서 발생하는 생활폐수, 산업폐수 등이 지중해를 오염시키는 원인이 되고 있는 것이다. 국제연합의 통계에 의하면 이러한 폐수는 연간 4,000억 리터에 이른다고 한다.

더더욱 나쁜 것은 내해인 지중해는 바닷물의 출입이 극히 적다. 대서양과 연결되어 있는 지브롤터 해협은 폭이 좁기로 유명하다. 오염된 바닷물은 넓은 대서양에서 희석되는 일도 없이 지중해 안에서 머물고 있다. 따라서 한 번 오염되기 시작한 것은 급속히 진행된다.

자연이 아름다운 장소는 관광지로 개발되고 그 결과, 자연이나 경관이 모두 파괴된다고 하는 악순환은 어느 나라나 마

찬가지인 모양이다. 지중해에서도 사정은 마찬가지로 이미 유럽지역은 거의 다 개발되었기 때문에 현재는 아프리카 연안이 대형 휴양지 개발의 무대가 되고 있다.


## 최근 유럽에서 홍수가 많이 일어나는 이유는?


1997년 폴란드 남부의 오데르 강 유역에 내렸던 집중호우를 시작으로 대규모 홍수가 발생했다. 폴란드에서는 피해자 450만 명 중 사망 55명, 무너진 다리 140여 개, 절단된 도로 1,600킬로미터라는 대형 재해였다. '1000년에 한 번 있을까 말까' 라고, 또는 '과거 2세기 동안 최악의 사건' 이라고도 말하는 이 대홍수는 과연 천재였다고 할 수 있을까?

90년 전후, 민주화 물결을 타고 동구의 사회주의가 종말을 고할 무렵 '검은 삼각지대' 의 존재가 세계적으로 알려지게 되었다.

독일, 폴란드, 체코, 슬로바키아, 이 4개국의 국경지대에는 제철소, 화학공장, 탄광 등이 좁은 지역에 집중되어 있어 대량의 산업폐기물과 아황산 물질을 배출하고 있었던 것이다.

그 때문에 내리게 된 산성비로 인해 이 지역은 광범위한 산림이 말라 죽고 있었다. 그러나 당시에는 그 자연 파괴의 심각성을 느끼는 사람은 많지 않았다.

많은 사람들이 그 심각함을 느꼈을 때는 앞에서 말한 대홍수가 일어난 이후의 일이다. 홍수 후의 피해 조사에서 피해지와 범람 하천의 수원이 산성비에 의한 산림고사 지대와 딱 맞아떨어진다는 것을 알았던 것이다.

산림을 잃은 민둥산은 보수력을 잃고 말았고, 그 때문에 산에 내린 비가 경사면을 따라 그대로 강으로 흘러가버린 것이다. 집중호우를 '홍수'로 만든 것은 말라 죽어버린 산림이었다.

거기다가 농지개발이 피해를 더욱 크게 했다는 사실도 알았다. 산림을 잘라내고 큰비가 올 때 완충지대가 되어줄 연못을 메워 농지로 개발했던 실수가 대홍수라는 형태로 되돌아온 것이다.

이 지역뿐만이 아니라 최근 유럽에서는 홍수의 피해가 급격히 늘고 있다. 유럽의 역사를 키워준 산림은 유럽을 홍수에서 지켜주는 산림이기도 했던 것이다. 그 산림을 없애온 유럽의 문명은 지금 커다란 기로 앞에 놓여 있다.

CHAPTER **6**

# 지도, 국기의 수수께끼

## 왜 캐나다 안에 프랑스어권이 있을까?

캐나다는 10개의 주와 3개의 준 주로 구성된 연방국가이다. 연방정부가 정한 공용어는 영어와 프랑스어인데, 퀘벡 주만은 프랑스어만을 공용어로 정하고 80%의 사람들이 프랑스어를 사용하고 있다.

이 퀘벡 주는 '주'라고 해도 면적은 약 155만 제곱킬로미터로 남한의 약 15배를 훨씬 넘어선다. 퀘벡 주는 북미 최대의 유일하다고 해도 좋을 정도로 넓은 프랑스어권인 것이다. 그런데 왜 이 지역만 프랑스어를 공용어로 사용하고 있을까?

캐나다에는 몇천 년 동안 북미 원주민들이 살고 있었다. 이곳에 처음으로 상륙한 유럽인은 프랑스의 탐험가 쟈크 까르띠에이다. 그 이후 이 광대한 토지는 프랑스령 '누벨 프랑스'로 불리게 되었다.

1608년에는 누벨 프랑스의 수도로 퀘벡 시가 선정되었다. 이후 잇달아 들어온 프랑스인들은 여기에 요새를 구축하고 황무지를 개척해서 농장, 목장 등을 만들어갔다.

그런데 1759년 영국군이 프랑스군을 물리치고 이 토지를 정복하게 되고, 1763년에는 프랑스가 영국에 캐나다의 소유권을 넘기게 되었다.

그래서 이번에는 캐나다의 '영국화'가 추진되었는데, 퀘벡

주만은 완고하게 그에 따르지 않았다. 퀘벡은 누벨 프랑스의 근본이 되었던 땅이고, 퀘벡 주민들은 그만큼 프랑스에 애국심이 불타고 있었던 것이다.

물론 그것은 영국 측에서 보면 눈엣가시 같은 이야기지만, 노련한 영국 제국은 억지로 영어를 강요하지 않고 프랑스어 사용을 깨끗이 인정했다. 프랑스계 주민들이 반란을 일으키지 않도록 유화책을 쓴 것이다.

그것이 현재까지 온 것으로 퀘벡 주의 공용어가 프랑스어인 것은 그곳이 누벨 프랑스였던 시절의 흔적이고, 영국 제국주의의 타산에 의한 것이라고 말할 수 있다.

현재로 봐서는 영국의 이 유화책이 맞아떨어졌다고 볼 수 있다. 지금까지 퀘벡 주에서는 몇 번이나 분리 독립의 움직임이 있었지만, 주민 투표에서 늘 간발의 차로 독립파가 패배했다.

그러나 만약 연방정부가 프랑스어를 인정하지 않는다는 말을 꺼냈다면 결과는 달라졌을지도 모른다.

## 국제연합에 가입하지 않은 나라에는 어떤 사정이 있을까?

국제연합은 세계의 여러 나라들이 평화와 경제, 사회의 발전을 위해 모인 국제기관이다. 1945년 10월 24일에 정식으로 발족하였는데 최초의 가맹국은 51개국이었다.

현재는 거의 전 세계의 나라들이 국제연합에 가입되어 있는데, 몇몇 나라는 나름대로의 사정으로 가입하지 못했다.

유명한 곳으로는 스위스가 있다. 스위스는 영세 중립국으로서의 입장을 지키기 위해 국제연합에는 가입하지 않았다. 그러나 2002년 3월 3일, 국제연합 참가의 시비를 묻는 국민투표가 행해져 찬성이 웃돌았다는 결과를 봐서 가입은 시간문제로 보고 있다.

타이완의 경우는 원래는 상임이사국이었는데 1972년, 중국이 국제연합에 가입하면서 오히려 추방당하게 되었다. 안전보장이사회의 상임이사국인 중국이 타이완을 국가로서 인정하지 않는 한 국제연합 복귀는 어려울 것이다.

바티칸의 경우는 종교적인 이유로 인해 가입하지 않았다. 세계 가톨릭의 총 본산으로서 정치적으로 중립의 입장을 고수하고 있기 때문에 안전보장의 이름하에 군사행동도 일으키는 국제연합 가입은 생각하지 않고 있다.

산마리노와 모나코는 극히 작은 나라여서 정식 참가는 인정하지 않는다. 인구 3만 이하의 작은 나라가 대국과 동등한 발언권과 투표권을 갖는다는 것에 일부 나라가 불만을 표시하고 있기 때문이다.

그런데 국제연합에 가입하는 것은 무료가 아니다. 가맹국들은 그 나라의 GNP를 기준으로 산출한 비율로 분담금을 부담하도록 되어 있다. 가난한 나라 중에는 그 분담금을 내지 못해 국제연합 가입을 하지 못하기도 한다.

최근 가입한 투발루라는 나라는 IT 덕분에 국제연합 가입의 꿈을 이룰 수 있었다고 한다. 폴리네시아의 작은 나라 투발루의 국명을 나타내는 도메인은 '.tv'인데, 이것을 미국의 벤처기업에게 비싼 값으로 매각한 것이다. '.tv'는 '텔레비전'의 약어여서 세계 곳곳의 텔레비전 회사들이 상용하고 싶어하기 때문에 이 도메인은 비싼 가격이 붙은 것이다.

그 매각 이익으로 국제연합 가입을 실현하여 이오나타나 수상은 오랜 숙원을 이루게 되었다고 하면서 기뻐했다고 한다.

## 바다는 대체 어느 나라의 것일까?

국제 해양법 조약에 의하여 바다는 네 가지 구분으로 나뉘어 있다. '영해' '접속수역' '배타적 경제수역', 그리고 '공해'이다.

우선 '영해'는 해안선에서 12해리(약 22킬로미터)까지의 바다. 이 해역에는 연안국의 주권이 미치며, 이곳에서 타국의 어선이 멋대로 조업을 한다면 용서하지 않는다. 단, 외국 선박이라도 그 나라의 평화나 질서를 해치지 않는 한에서는 자유롭게 항행할 권리를 인정받고 있다.

'접속수역'은 해안선에서 24해리(약 44킬로미터)까지의 해역이다. 밀항선이나 밀수선이 영역에 침입하는 것을 방지하기 위해 연안국이 사전에 필요한 규제를 할 수 있는 해역을 말한다.

'배타적 경제수역'은 해안선에서 200해리(약 370킬로미터)

까지이다. 이 해역에서는 어업권, 석유, 천연가스 등의 채굴권 등이 연안국의 권리로 되어 있다. 즉 배타적 경제수역이란 '경제적 혜택에 관해서는 다른 것을 배제하고 독점할 수 있는 해역' 이라는 의미이다. 단, 배의 항행에 대해서는 어느 나라의 배라도 자유로운 항행을 인정하고 있다.

연안국이 어떠한 권리를 행사할 수 있는 것은 이 '배타적 경제수역' 까지로, 그 밖의 바다는 '공해' 로 어느 나라의 것도 아니다.

## 카스피 해는 바다일까? 호수일까?

세계에서 가장 큰 호수는 카스피 해라고 학교에서 배운 기억이 있을 것이다. 그러나 이 사실이 논란이 되고 있다. 그렇다고 해서 카스피 해의 크기가 문제가 되는 것은 아니다. 초점이 되는 것은 카스피 해가 호수인가 바다인가 하는 점이다.

카스피 해는 러시아, 이란, 카자흐스탄, 투르크메니스탄, 그리고 아제르바이잔, 이 5개국으로 둘러싸여 있다. 러시아를 제외한 4개국은 이슬람 국으로, 카자흐스탄 이하 3개국은 구소련으로부터의 독립국이다. 그런데 카스피 해는 이런 나라들 한가운데 위치하고 있는데다 대규모 해저 유전이 잠들고 있는 관계로 사정이 복잡해졌다.

카스피 해가 종래의 해석대로 호수라고 하면 그 광대한 자원은 연안 5개국의 공동관리하에 놓이게 된다. 그러나 바다라고 한다면 국제 해양법 조약에 의해 각국이 연안에서 일정한 거리 내의 자원을 독점할 수 있게 된다.

이미 카자흐스탄, 투르크메니스탄, 아제르바이잔의 먼 바다에서는 대규모 에너지 자원이 발견되고 있다. 그래서 이들 나라들은 카스피 해를 '바다'라고 주장하기 시작한 것이다. 바다라고 하면 '배타적 경제수역' 내에 있다는 이유로 독점적인 자원 개발을 할 수 있기 때문이다. 러시아와 이란은 유전개발이 뒤쳐져 있기 때문에 카스피 해가 '호수'라는 견해

를 고수하고 있다. 호수라면 다른 3개국 근처에서 발견된 유전에 대해서도 권리를 주장할 수 있기 때문이다.

현재 러시아는 구소련에서 독립한 나라들에 대해 압력을 행사하며 영향력을 유지시키려고 분주하다. 러시아가 기댈 수 있는 것은 석유 운송에 필요한 파이프라인을 잡고 있는 일이다.

한편 이 3개국의 유전 개발을 후원하고 있는 것은 미국, 유럽, 일본의 자본이다. 카스피 해는 과연 '호수'일까 '바다'일까? 이 뜨거운 화제를 둘러싸고 대국과 주변국이 번갈아가면서 각종의 거래와 협상을 거듭하고 있다.

## 다른 나라와 가장 빈번한 접촉을 하는 나라는?

섬나라에 사는 사람들은 홀로 멀리 떨어진 집에서 사는 것과 마찬가지다. 물론 떨어져 있긴 해도 옆집에 사람들이 살고 있긴 하지만 접촉이 주택가나 아파트에 사는 사람들에 비할 바는 아니다. 하물며 국경을 넘어 건너편 나라의 외국이라고 하는 상황은, 벽 하나를 사이에 두고 사는 이웃을 타인이라고 하는 것이나 마찬가지다. 그만큼 국제관계에는 우리들의 상

어디로
가시겠습니까?

상을 초월하는 정치력이나 배려가 요구된다.

그런데 세계에서도 가장 많은 나라와 국경을 접하고 있는 나라가 둘 있다.

하나는 중국이다. 북한으로부터 시계 반대 방향으로 러시아, 몽고, 카자흐스탄, 키르기스스탄, 타지키스탄, 아프가니스탄, 파키스탄, 인도, 네팔, 부탄, 미얀마, 라오스, 베트남, 이 14개국과 국경을 접하고 있다.

홍콩과 마카오는 이미 중국으로 반환되었기 때문에 세지 않지만, 이들이 반환되기 이전에 홍콩은 영국령, 마카오는 포르투갈령이었기 때문에 일시적으로 16개국과 국경을 접하고 있었던 것이 된다.

다른 하나는 역시 세계 최대의 나라 러시아다. 노르웨이에서 시계 반대 방향으로 핀란드, 에스토니아, 라트비아, 벨로루시, 우크라이나, 그루지야, 아제르바이잔, 카자흐스탄, 중국, 몽고, 북한과 국경을 접하고 있다.

그러나 이것은 전부 12개국이다. 사실은 그 밖에 폴란드와 리투아니아 사이에 칼리닌그라드 주라는 러시아의 영역이 있는데 그것까지 합치면 14개국이 된다. 이 칼리닌그라드라는 땅은 제2차 세계대전까지는 독일령이었는데, 1945년의 포츠담회담 이후부터 구소련령이 되었다.

러시아가 그리 간단히 영토를 돌려주는 나라는 아니지만 장래 이 땅에 대한 문제가 해소되면 러시아의 인접국은 12개로 줄지도 모른다.

## 구 동독의 지도에는 서베를린이 어떻게 그려져 있을까?

구소련 시절의 지도는 현재에는 거의 도움이 안 된다. 공산주의 체제의 붕괴로 지명이 완전히 달라져버렸기 때문이다. 구소련 시절에는 마르크스 광장이나 엥겔스 거리가 있었는데, 이제는 그런 이름들을 찾을 길이 없다.

또 무심코 구소련 시절의 지명을 입에 담기라도 하면, 그 지명에 좋은 인상을 갖지 않은 사람들로부터 안 좋은 말을 들을 수도 있으므로 주의해야 한다.

그러한 이유로 여행자들에게는 도움이 되지 않는 구소련 시절의 지도이지만, 일부 사람들 사이에서는 높은 가격에 거래가 된다고 한다.

정치학자, 연구자들에게 있어서는 구소련 시절의 지도는 연구상 귀중한 자료가 되는 것이다.

사실 그러한 시각에서 살펴보면 구소련 시절의 지도는 재

미있다.

'여기쯤에 수용소가 있었을 텐데' 하고 아무리 살펴봐도 지도에는 전혀 실려 있지 않다. 마을이 통째로 지도상에서 사라진 곳도 있다. 누구나 다 알고 있는 KGB 본부도 모스크바 시내 지도에 기입조차 되지 않았다.

그러한 사정은 동구의 구 공산주의 국가에서도 다를 것이 없었다. 특히 구동독의 베를린 지도는 철저했다.

베를린이라는 도시는 구동독권 내에 있고 도시의 서쪽 반인 서베를린은 베를린의 벽이 허물어지기 전까지는 동독 안에 따로 존재하고 있었다. 그것이 냉전시대의 동독 지도에는 어떻게 그려져 있었나 하고 살펴보면 아무것도 그려져 있지 않다. 공백 상태인 것이다. 마치 빈터와 같은 취급을 받은 것이다.

그 이유는 동독 당국이 서베를린이라는 존재를 정치적으로 전혀 인정하지 않았기 때문이다.

## 중국은 그토록 넓은데 어째서 시차가 없을까?

지구는 24시간 동안 한 바퀴를 돈다. 지구 한 바퀴인 360도를 24시간으로 나누면 1시간에 15도인 셈이다. 즉 A라는 지점에서 정오에 머리 꼭대기에 떠오른 태양은, 경도 15도 서쪽에 있는 B라는 지점에서는 1시간 후에 떠오르는 것이다. 그래서 B에 사는 사람들은 A에 사는 사람들보다 시계 바늘을 한 시간 늦춘다. 이것이 시차의 기본이다.

남북으로 길게 뻗은 나라에서는 시차가 없지만, 동서로 넓게 뻗은 나라에서는 둘 이상의 시간대가 존재한다. 그렇게 하지 않으면 시계의 시간과 생활의 시간이 맞지 않기 때문이다.

세계에서 동서로 가장 길게 뻗은 나라는 물론 러시아다. 놀랍게도 그 경도차는 170도로, 이것은 지구의 약 반 바퀴 가량이 된다. 극동지역에 사는 사람들이 아침을 먹고 있을 때 유럽에 가까운 지역에서는 전날 저녁을 먹고 있다는 소리다. 이 정도로 생활시간에 차가 있으면 하나의 시간대에 있기가 힘들다. 그래서 러시아에서는 열한 가지의 시간대를 두고 있다.

미국도 러시아 정도는 아니지만 같은 이유로 본토에서만 네 가지 시간대를 두고 있다.

그러나 넓은 지구에는 예외도 있다. 바로 중국이다. 중국 본토의 경도차는 60도 이상이나 되므로 단순히 생각하면 네 가지 시간대가 있어야 하는데, 놀랍게도 중국은 하나로 통일하고 있다. 게다가 중국이 시간의 기준으로 삼고 있는 것은 베이징이나 상하이 근처를 지나가는 동경 120도 선이다. 그러므로 베이징이나 상하이에서는 시계의 시간과 생활의 시간이 맞지만, 서쪽 지방에서는 점심 뉴스를 이른 아침에 듣는 사태가 일어난다.

이쯤 되면 '차라리 동서 한가운데를 기준으로 삼았으면……'이라고 생각하게 되는데, 중국의 경우 동부와 서부가 극단적으로 인구밀도가 다르기 때문에 인구가 집중해 있는 동부 연안지역을 기준으로 삼고 있는 것이다. 또 이 문제의 배경에는 서부에 살고 있는 사람들 중에 발언권이 적은 소수민족이 많다는 점도 연관되어 있다.

## 개발도상국은 어떤 기준으로 그렇게 부를까?

세계를 주민 100명의 마을로 비유한 그림책이 화제가 된 적이 있었는데, 그것을 읽으면 세계의 부가 극히 일부 나라에 집중해 있고 대다수의 사람들이 빈곤에 허덕이고 있는 모습을 자세히 볼 수 있다. 동서 냉전은 끝났지만 남북의 경제 격차는 지금도 벌어지기만 할 뿐이다.

그런데 선진국이 아닌 나라들을 일반적으로 '개발도상국'이라고 부르는데 이렇게 부르는 기준이 있는 걸까? 선진국이라고 하면 미국이나 유럽, 그리고 일본과 같은 나라가 떠오르는데, 개발도상국이라고 하면 아무래도 그 이미지가 확실치 않다. 선진국만큼 풍부하지는 않지만 그다지 빈곤하지도 않은 나라는 이 세상에 많이 있기 때문이다. 대체 어떤 나라가 개발도상국에 해당하는가?

여기에는 두 가지 기준이 있다. 하나는 국제연합의 기준으로 다음과 같은 네 가지 기준을 만족하는 나라를 개발도상국으로 인정하고 있다.

네 가지 기준은 첫째, 인구가 750만 명 이하, 둘째는 일인당 GDP가 연간 6,000달러 이하, 셋째는 신생아의 생존율이나 일인당 섭취 칼로리, 초중등교육의 취학률 등을 조합한 지

수인 APQLT가 47 이하, 넷째는 GDP에 영향을 미치는 제조업의 비율이나 공업 서비스 부문의 취업률, 일시 수출품의 의존도 등을 조합한 지수인 EDI가 22 이하이다.

또 다른 기준은 OECD(경제협력개발기구)의 기준이다. OECD는 국민 일인당 GNP가 750달러 이하의 나라를 'LLDC(least among less-developing countries)'로서 경제지원 대상으로 하고 있다.

두 기준을 비교해보면 국제연합의 기준이 더 자세하고 엄격한 것으로 보이는데 현실적으로 지원을 받고 있는 나라로 봐서는 별반 차이가 없다. OECD의 기준을 아래로 도는 나라는 동시에 국제연합의 기준에서도 거의 아래에 있기 때문이다.

과거에 후진국, 저개발국이라고 불렸던 나라가 개발도상국으로 불리게 된 것은 1962년, 당시 후진국으로 불리고 있던 나라의 대표들이 카이로에 모여 '개발도상국 경제개발회의'를 열었기 때문이다.

후진국, 저개발국이라고 하면 뒤처져 있고 가난한 나라라는 이미지가 강한데, 개발도상국이라고 하면 부유하게 될 나라라는 느낌이 든다. 카이로에 모인 지도자들은 그런 염원을 담아 후진국으로 불리는 것을 거부한 것이다.

## 위도도, 경도도 0인 곳은 어디?

지구상의 모든 지점은 위도와 경도 두 가지로 나타낼 수 있다. 실감하지는 못해도 우리들의 일상생활 속에서 이 경위도의 덕을 보고 있다. 가장 밀접한 것으로는 자동차 네비게이션이 있다.

자동차 네비게이션의 GPS(Global Positioning System)는 지구의 궤도상으로 쏘아 올려진 인공위성에서 발신되는 전파를 수신하여 그 차가 어디를 달리고 있는가를 측정할 수 있는 시스템이다.

하지만 위성에서 직접 '당신의 차는 지금 ○○동네 몇 번지에 있습니다'라는 데이터가 날아오는 것은 아니다. 위성에서 보내지는 것은 경위도의 수치 데이터이다. 배나 비행기가 현재 위치를 측정할 때도 경위도를 이용하는 것이 보통이다.

그런데 위도와 경도가 동시에 0도가 되는 곳은 어디일까?

위도 0도는 간단하다. 위도는 적도를 기준선으로 남북을 재는 것으로 0도는 정확하게 적도상에 있다.

경도는 런던의 그리니치를 지나가는 본초자오선이 기준선이 된다. 그러므로 위도도 경도도 0도인 지점이라고 하면 적도와 본초자오선이 교차하는 곳이다. 지도를 펼쳐보면 그곳은 아프리카대륙의 서해안에 있는 기니만의 한가운데이다.

만약 그곳이 육상이라면 '위도도, 경도도 0도'라고 기록하는 비가 세워져 기념사진이라도 촬영할 만한데, 아쉽게도 그곳은 바다 위다.

## 외국 사람들은 어떤 세계지도를 사용할가?

우리들에게 있어 미국은 태평양 건너편에 있는 이웃 나라로 비행기로 단숨에 날아가면 닿는 곳이라는 인상이 있는데, 미국인은 전혀 그렇게 생각하지 않는 모양이다. 한국은 대서양 저편의 유라시아대륙 끝단에 위치한 나라라는 이미지를 갖고 있다.

이 감각의 차이는 어디에서 오는가? 그것은 평소에 보고 있는 세계지도의 차이다. 우리들은 태평양이 한가운데 있는 세계지도에 익숙해 있는데, 이러한 지도를 사용하고 있는 곳은 한국, 일본, 동남아시아, 오세아니아제국 등 세계에서도 극히 일부의 나라뿐이다.

그럼 다른 나라 사람들이 어떤 세계지도를 보는가 하면, 유럽이나 아프리카가 중심에 있는 지도이다. '유럽에서는 그럴

세상에서 가장 재미있는 세계지도

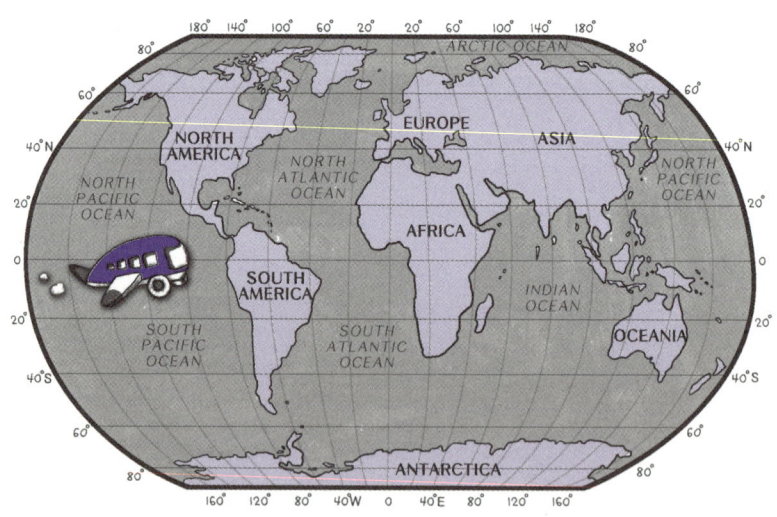

지도 모르지만 미국에서는 아메리카대륙이 중심에 있는 지도를 사용하는게 아닐까?' 라고 생각하는 사람도 있을지 모르지만 그렇지 않다. 미국에서도 유럽이 중심에 있는 지도를 사용하고 있다.

그 이유는 유럽 중심의 지도라는 것은 유럽을 중심으로 하고 있는 것이 아니기 때문이다. 중심이 되고 있는 것은 어디까지나 그리니치 천문대를 지나가는 경도 0도 선이다. 이 지도는 나름대로의 명분이 있기 때문에 유럽 이외의 사람들한테도 저항 없이 받아들여지고 있다.

그런데 '남반구의 사람들은 어떤 지도를 사용하고 있을까? 남쪽이 위고 북쪽이 아래인 지도를 사용하고 있는 것은 아닐까?' 라는 생각을 할 수도 있지만 그런 일은 없다.

사실 관광객용으로 그러한 지도가 팔리기도 하지만, 관청이나 학교에서는 북반구와 마찬가지로 북쪽이 위로 된 지도를 쓰고 있다.

북쪽이 위로 오는 지도가 세계 표준이 된 것은 세계지도를 만들기 시작한 것이 북반구에 사는 사람들이었기 때문이다.

최초로 세계지도를 만든 건 고대 바빌로니아 사람들이다. 당시는 남반구에 육지가 있다는 것은 상상도 못 했으므로 자연스럽게 북반구가 위로 오는 지도를 그렸을 것이다.

## 아이슬란드의 국토가 매년 커지는 이유는?

어느 나라나 국토가 넓은 것 이상 좋은 것은 없을 것이다. 그런 면에서 부러워할 만한 나라는 북쪽 끝 북극해에 떠 있는 아이슬란드 공화국이다. 이 나라는 지금도 영토를 착실히 넓혀나가고 있는 것이다. 그렇다고 해서 다른 나라를 침략하는 것은 아니다. 국토를 넓혀주고 있는 것은 화산활동의 엄청난 힘이다.

아이슬란드는 그 이름을 봐도 알 수 있듯이 '얼음의 나라'라는 인상이 강한데, 사실은 화산이 많은 '불의 나라'이다. 이 화산활동은 그치는 날이 없어서 나라의 중앙부에 있는 갈라진 틈에서는 용암이 끊임없이 분출되고 있다. 그것이 대지를 동서로 넓히고 있다는 소리다.

넓혀진다고는 해도 1년에 1센티미터 정도이지만, 이 속도로 성장을 거듭하면 수십만 년 후에는 엄청난 땅덩어리가 될 것이다.

아폴로 계획의 우주비행사들은 과거에 아이슬란드에서 훈련을 받았다. 그것은 빙하와 화산으로 만들어진 아이슬란드의 경관이 지구상에서 달 표면에 가장 가까웠기 때문이라고 한다.

달 표면을 닮은 경관 이외에도 아이슬란드에서는 여름은 백야, 겨울에는 오로라를 볼 수 있다. 물론 화산의 나라이므로 온천도 여기저기서 샘솟고 있다.

이름과 장소를 들으면 춥기만 할 것 같은데 난류인 멕시코 만류가 나라의 주위를 흐르고 있기 때문에 엄청날 정도로 춥지는 않다. 참고로 수도 레이캬비크의 1월 평균기온은 1도 정도라고 한다.

## 남극과 북극은 누구의 것?

토지를 사려면 어디가 좋을까? 보통은 이 질문에 많은 사람들이 도심에 가깝고 교통이 편한 곳, 아니면 온난한 기후에 경관이 아름다운 곳이라고 대답할 것이다.

남극이나 북극의 토지를 사고 싶다고 하는 사람은 일단 없을 것이라고 본다. 그러나 이것은 어디까지나 평범한 사람들에서의 이야기이고, 국가의 문제가 되면 사정은 크게 달라진다. 국가적인 차원에서 보면 남극이나 북극은 중요한 의미를 갖고 있다.

우선 남극부터 살펴보자. 당시의 열강 제국들이 이 땅에 들어온 것은 18세기 후반의 일이다. 사람이 살 수 없는 얼음의 대지에 무엇을 하러 갔나 하면 바다표범 등을 포획하기 위해서였다. 당시에는 주변 동물들의 씨를 말릴 정도의 난획을 했다고 한다.

그리고 20세기에 들어서 남극이 광물자원의 보고라는 사실이 판명되면서 남극을 둘러싼 열강, 주변 제국들의 거래가 단숨에 격해졌다.

1908년 남극 탐험의 실적을 쌓고 있던 영국이 소유권을 주장한 것을 계기로 뉴질랜드, 오스트레일리아, 프랑스, 노르웨이, 칠레, 아르헨티나도 영유권을 주장했다. 그 후, 각국이 권리를 주장하면서 남극의 소유권을 둘러싼 문제는 더욱더 복잡해졌다.

결국 1959년에 남극조약이 맺어지면서 남극에 관한 영토권은 '당분간 어느 나라도 주장하지 않는다'는 형태로 마무리 지어졌다. 문제가 해결된 것이 아니라 잠시 미뤄두자는 소리다.

그런데 한편으로 북극은 거의 대부분이 바다이고, 남극처럼 광물자원의 혜택도 없다. 그러나 군사전략상으로는 남극 이상으로 의미를 갖고 있다.

지구본의 위에서부터 보면 알겠지만, 미국과 구소련은 북극해를 끼고 마주 보고 있다. 냉전시대, 북극은 미소대립의 최전선이었던 것이다.

특히 미국과 구소련이 격하게 대립했던 동서 냉전시대에는 양 진영에게 있어 대단히 중요한 해역이었다. 구소련은 북극점과 본토를 연결하는 부채형 영역을 자국의 영토라고 주장했다. 그러나 북극해에 접한 미국과 캐나다는 그것을 끝까지 인정하지 않아 결국, 동서냉전이 종결될 때까지 이 대립은 계속되었다.

현재는 러시아도 소유권을 주장하지 않고 있기 때문에 북극도 남극과 마찬가지로 어느 누구의 것도 아니다.

## 세계에서 가장 풍요로운 나라는 어디일까?

누구나 한 번쯤은 부자를 꿈꾼다. 멋진 자동차에 넓은 집, 무엇이든 풍요로운 생활. 생각만 해도 흐뭇해진다. 그런데 정말로 이런 생활을 전 국민이 누리는 나라가 있다고 한다. 바로 브루나이가 그곳이다.

브루나이는 동남아시아의 보루네오 섬 북해안, 말레이시아의 사라크와 주로 둘러싸인 영토로 이루어진 인구 25만 명 정도의 왕국이다.

이 작은 나라가 어느 정도로 풍요로운가 하면 우선 국왕부터 대단하다. 세계 제1의 부자라고 일컬어지는 인물로 80조 원을 들여 만든 궁전에 산다고 한다. 게다가 대리석과 금으로 만든 욕실을 갖춘 전용 비행기를 타고 다닌다고 하니 보통 부자들과 비교하는 것은 실례에 가까울 정도다.

일반 국민들의 생활은 어떤가 하면 그 역시 보통이 아니다. 대부분의 국민들은 정원이 딸린 주택에서 살며 자동차도 한 집에 2, 3대는 보통이다. 거기다 대부분이 벤츠나 BMW라고 한다.

무엇보다 대단한 것은 세금이다. 놀랍게도 브루나이는 세금이 없다. 덤으로 공립병원에서는 의료비도 공짜다. 국공립 학교를 다니면 교육비도 일체 들지 않는다. 60세부터는 연금도 지급되는데, 이것도 내는 돈은 전혀 없다. 완전히 눈이 돌아갈 만한 행정 서비스다.

어떻게 이런 일이 경제적으로 가능한가 하면, 모두 브루나이 만 해저에 묻혀 있는 석유와 천연가스 덕분이다. 이들 자원으로 벌어들인 돈이 국민

들에게 환원되고 있다는 소리다. 자원이 없는 나라 사람들에게는 정말로 부러운 이야기가 아닐 수 없다.

그러나 자원은 언젠가는 고갈되는 법. 브루나이의 석유와 천연가스도 예외는 아니어서 앞으로 2, 30년 후에는 고갈될 것이라고 예측하고 있다. 만약 그렇게 되면 브루나이는 어떻게 될까?

물론 브루나이 정부는 그때를 대비하여 경제의 다각화를 모색하고 새로운 사업을 진흥시키기 위해 인재 육성에 힘을 쏟고 있지만, 지금의 기적과 같은 삶을 그대로 유지시킬 수 있을지는 신만이 알고 있을 것이다.

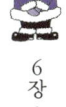

## 현재의 영연방에도 어떤 의미가 있을까?

영국의 정식 명칭은 '그레이트 브리튼 및 북아일랜드 연합왕국'이다. 연합왕국이라는 말대로 영국은 잉글랜드, 웨일스, 스코틀랜드 그리고 북아일랜드, 이 네 개의 나라로 이루어졌다.

그럼 '영연방(Commonwealth of Nations)'이란 무엇일까? 이것은 영국을 중심으로 하는 독립국가의 모임으로 캐나다,

오스트레일리아, 뉴질랜드, 인도, 방글라데시 등 일찍이 영국
의 자치령이나 식민지였던 역사를 가진, 영국과 인연이 깊은
나라들이 참가하고 있다.

뭐니 뭐니 해도 과거에는 7대양을 지배한 대영제국이다.
그 흔적은 지금도 세계 곳곳에 미치고 있어 영연방에는 영
국 본국을 포함하여 53개국(2010년 10월 기준)이나 가입하고
있다. 그런데 이 연방에는 국제정치상 어떤 의미가 있는 것
일까?

적어도 과거에는 여러 가지 의미가 있었다고 할 수 있다.
우선은 경제적 이점으로 영연방에 가입한다는 것은 그 즉시
영국을 중심으로 하는 경제블록에 들어온다는 것을 의미하여
관세 등에서 우대를 받았다.

또 당시에는 영국 국왕에 대한 연방가맹국의 충성심이 강
한 상태여서 국제정치적으로도 그 나름대로의 존재감을 갖고
있었다.

그런데 1973년 영국이 확대 EC에 가입하여 연방 내 경제
블록을 버리고 유럽제국과 경제블록을 짜게 되면서부터 연방
의 경제적인 연결고리는 느슨해졌다.

또 영국 왕을 자국의 원수로 받들던 연방가맹국도 대부분
이 공화제로 이행하여 정치적인 연결고리도 약해졌다. 현재
까지도 입헌군주제를 시행하고 영국 국왕을 원수로 하고 있

는 곳은 겨우 10여 개국으로 줄어들었다. 물론 그것도 형식적인 것에 지나지 않는다.

그래서 현재의 영연방에는 경제적으로나 정치적으로도 큰 의미는 없어진 것이다. 정기적인 연방수뇌 회담을 열기도 하지만, 친목회 정도의 의미밖에 없다는 것이 현실이다. 최근의 영연방은 '대영제국의 동창회'라고까지 일컬어진다.

## 영국기인 유니언 잭에서 잭이란?

미국의 국기는 별(Star)과 희고 빨간 줄(Stripe)로 이루어져 있는 성조기(Stars and Stripes), 대한민국의 국기는 태극 문양이 있는 태극기(太極旗), 일본 국기는 태양이 그려진 일장기(日章旗), 즉 히노마루인데 이것은 모양 그대로를 표현한 것이므로 알기 쉽다. 그럼 유니언 잭이라고 불리는 영국 국기는 어떠한가? 이 잭이라는 것은 역시 사람 이름일까?

'잭'이란 원래 선수기(船首旗), 즉 국적을 나타내는 기를 의미했다. 대항해시대부터 세계의 바다로 나간 각국의 배들은 뱃머리의 깃발로 국적을 나타내고 있었다. 그 기를 잭이라고 부르는 것이다.

유니언 잭이라는 이름의 경우 오히려 '유니언' 쪽이 보다 깊은 의미를 갖고 있다고 봐야 한다. 유니언에는 연합, 통합 이라는 의미가 있다. 영국은 아는 바와 같이 잉글랜드, 스코틀랜드, 웨일스, 북아일랜드를 통합해서 생긴 나라이다.

유니언 잭이라는 국기도 이 나라의 내력을 반영하고 있다. 우선 1603년, 당시 이미 웨일스를 병합하고 있던 잉글랜드는 새롭게 스코틀랜드를 병합한다. 이때 양국의 국기를 합쳐 최초의 유니언 잭을 만들었다.

잉글랜드의 기는 그 나라의 수호성인 '성(聖) 조지의 십자가'로 불렸다. 백색 지면에 붉은 십자가를 그린 것이다. 스코틀랜드의 기는 '성 앤드류의 십자가'로 불렸다. 청색 지면에 흰색 X형의 형태이다. 이 둘을 조합한 것이 최초의 유니언 잭이다.

그 후, 1801년에 아일랜드를 병합하여 '성 패트릭의 십자가'로 불리는 흰색 지면에 붉은 X형의 기를 더 합쳐서 현재의 유니언 잭이 되었다. 즉, 세 국기가 연합한 것이 유니언 잭인 것이다.

그런데 왜 웨일스가 더해지지 않은 것

일까? 그것은 유니언 잭이 탄생한 1603년 당시, 이미 잉글랜드에 병합되어 있었기 때문이다.

웨일스의 기는 '레드 드라곤'으로 불리며, 흰색과 청색의 지면에 붉은 용이 그려져 있었다.

월드컵 대회 등에서도 한국인은 태극기를, 미국인은 성조기를, 일본인은 일장기를 흔들며 응원했지만, 유니언 잭이 등장하는 일은 없었다. 베컴이나 오웬은 어디까지나 잉글랜드 대표이지 영국 대표는 아니었기 때문이다.

## 남태평양의 피지에는 왜 인도인이 많은가?

휴양지로 인기가 높은 피지. 이 섬을 방문하면 놀라는 일이 하나 있다. 남태평양에 떠 있는 섬인데 신기하게도 인도인이 너무나 많다는 점이다. 피지 전 인구의 반 정도가 인도계이니 말이다.

태평양의 섬 피지에 어째서 인도인들이 이렇게 많은 걸까? 그 이유를 따지려면 피지의 슬픈 역사를 알아야만 한다.

영국의 보호령이 되기 전, 피지의 인구는 15만 명 정도였는데, 그것이 매년 감소하여 20세기 초반에는 절반 가까이로 떨어졌다. 인구 감소의 원인은 전염병과 강제 노동이었다.

전염병은 서구인이 가져온 '독감'이었다. 그깟 독감 정도로 생각하기 쉽지만, 이 병에 대해 면역이 없었던 피지 사람들에게 있어서는 치명적인 병이었던 것이다.

또한 플랜테이션 농장이나 광산에서의 강제 노동이 그들을 죽음으로 몰아넣었다. 당시의 유럽인들은 노동력 부족을 해소하기 위해 섬의 젊은이들을 전부 끌어모아 플랜테이션 농장이나 광산에서 강제 노동을 시켰다.

약한 사람들은 병으로 쓰러지고, 강한 사람들은 노동으로 인한 과로로 쓰러졌다. 이런 실정으로 인구가 줄어들 수밖에 없는 형국이었다. 그러나 보호령인 피지의 인구가 줄어드는 것에 대해서는 영국으로서도 곤란한 문제였다. 그래서 영국인들은 인도에서 대량의 노동자들을 끌어모았다. 피지에 인도 사람들이 늘어난 것은 그때부터였다.

플랜테이션이나 광산에서의 노동은 너무나 혹독해서 자살하는 자나 도망가는 사람들도 많이 있었는데, 그래도 피지 정착을 희망하는 인도인들은 끊이지 않았다.

그리고 인도인의 출생률은 피지인들보다 높았다. 따라서 전 인구 중 인도인들이 차지하는 비율은 점점 더 높아졌던 것이다.

# 유럽 국기에 삼색기가 많은 까닭은?

세계 국기의 일람표를 보면 삼색기가 상당히 많다는 것을 알 수 있다. 특히 유럽대륙은 더더욱 그렇다.

서구에서는 프랑스, 이탈리아, 독일, 네덜란드, 아르헨티나, 불가리아, 루마니아 등이 삼색기다.

어째서 이처럼 국기에는 삼색기가 많을까?

삼색기 중 가장 유명한 것은 자유, 평등, 박애를 말하는 프랑스 국기다. 그러나 프랑스혁명의 영향으로 삼색기가 유행한 것은 결코 아니다. 삼색기를 유행시킨 것은 사실 네덜란드이다.

16세기, 당시의 세계 선진국이었던 네덜란드가 삼색기를 국기로 하자 다른 나라들도 그 뒤를 이었다는 설이 유력하다.

그렇다고 하면 네덜란드가 삼색기의 원조인 것처럼 들리겠지만 그렇지도 않다. 삼색기를 세계로 유행시킨 것은 네덜란드가 틀림없지만, 네덜란드보다 먼저 삼색기를 사용했던 나라도 있다.

그 나라는 바로 오스트리아다. 오스트리아에서는 네덜란드가 삼색기를 국기로 하기 300년 전부터 삼색기를 사용하고 있었다. 어쨌든 삼색기의 역사는 길고도 길다.

# 러시아의 삼색기가 나타내는 두 가지 의미는?

1991년 소비에트연방이 붕괴하고 그 대신에 러시아연방이 탄생했다. 국기도 소비에트시대의 사회주의의 상징으로 간주되었던 '붉은 기'를 내리고 백색, 청색, 적색의 삼색기를 걸었다. 이미 시드니 올림픽이나 월드컵에서 보았던 깃발이다.

이 삼색기는 새롭게 디자인 된 것이 아니라 제정 러시아시대에 쓰였던 기가 부활한 것이다. 디자인은 가로로 줄이 나있고, 배색은 위로부터 백색, 청색, 적색이다. 백색은 고귀와 솔직함을, 청색은 충의와 성실을, 적색은 사랑과 용기를 각각 표현하고 있다. 또 백색은 백 러시아인(벨로루시인), 청색은 소 러시아인(우크라이나인), 적색은 대 러시아인(러시아인)이라는 의미가 포함돼 있다.

원래는 러시아 황제 표트르 1세가 네덜란드를 시찰하면서 네덜란드의 삼색기를 보고 흉내를 낸 것이라고 한다. 네덜란드 국기는 위로부터 적색, 백색, 청색인데 그 순서를 바꿨을 뿐이다.

그런데 이 백색, 청색, 적색이라는 삼색은 다른 나라의 국기에 잘 쓰이는 색이다. 특히 슬라브계 나라에서는 가로줄을 많이 볼 수 있다. 유고슬라비아에서는 청색, 백색, 적색 순이다. 체코는 백색과 적색의 2층에 청색 삼각이다. 슬로바키아, 크로아티아, 슬로베니아도 이 삼색줄에 각각의 문장을 짜 맞춰 디자인한 것이다.

그리고 이 배색을 세로줄로 하면 우리들에게 익숙한 삼색기, 프랑스 국기가 된다.

## 이슬람 국가의 국기에 초승달 마크가 많은 이유는?

적십자는 전장이나 난민 캠프 등에서 의료 활동을 하고 있는 국제적인 조직의 마크다. 이슬람권에서도 이 조직이 활약하고 있지만 중동 등에서는 이 마크가 쓰이고 있지 않다. 십자가 과거에 이슬람권 사람들을 대학살한 십자군을 연상시키기 때문이라고 한다.

그래서 그 대신에 쓰이는 것이 붉은 바탕에 초승달을 그린 마크이다. 왜 초승달인가 하면 십자가 크리스트교권의 상징이듯, 초승달이 이슬람권의 상징이기 때문이다. 이슬람권 나라들의 국기에 초승달 마크가 많은 것도 그 때문이다.

초승달 마크가 이슬람권에 퍼진 것은 15세기 오스만 투르크 제국이 이 마크를 국장으로 정한 이후부터다. 디자인은 붉은 바탕에 초승달과 별을 하얀 색으로 그린 것으로, 현재의 터키 국기는 그 전통을 이어받고 있다.

그런데 어째서 오스만 투르크가 초승달 마크를 국기로 한 것인가에 대해서는 여러 가지 설이 있지만 확실하지는 않다.

오스만 투르크의 건국자인 오스만 베이가 가슴에 초승달과 별이 나타나는 꿈을 꾼 것이 유래라는 설이 있는가 하면 뮬라트 2세가 전장에서 피바다에 초승달과 별이 비춰져 있는 것을 보고 국기로 했다는 설도 있다.

그리고 오스만 투르크와는 직접적인 관계없이 고대로부터 비잔티움(현재의 이스탄불)은 달의 여신을 시의 수호신으로 하였고 초승달을 시의 상징으로 했었기 때문이라는 설도 있다.

또 기원전 340년, 야음을 틈타 마케도니아 군이 비잔티움을 공격했을 때 초승달 빛에 의지하며 반격했다는 고사에서 유래했다는 설도 있다.

## 어째서 아프리카 국기에는 적색, 황색, 녹색의 조합이 많은가?

백과사전 등에서 세계의 국기를 지역마다 열거해놓은 페이지가 나오면 아프리카를 주의 깊게 살펴보았으면 한다. 북아프리카를 뺀 나머지 나라들은 거의 대부분이 비슷한 배색의 국기로 이루어져 있다. 자주 쓰이는 색으로는 적색, 황색, 녹색이다.

예를 들면 기니의 국기는 세로줄로 왼쪽부터 적색, 황색, 녹색이다. 그 반대가 말리이다. 그리고 그 한가운데 황색별을 넣으면 카메룬의 국기가 되고, 줄을 비스듬하게 하면 콩고이다. 그 밖에 르완다, 세네갈, 가나, 에티오피아 등이 이 세 가지 색을 기초로 하고 있다. 반대로 이 삼색에서 한 가지 색도 쓰지 않은 국기는 소말리아와 보츠와나, 두 개국밖에 없다.

이 삼색은 원래는 아프리카 최고의 독립국인 에티오피아 국기를 모방한 것이라고 한다. 적색은 자유를 찾아 투쟁하는 사람들의 피, 황색은 천연자원이나 평화, 녹색은 대지와 농산물이라는 해석이 가장 일반적이다.

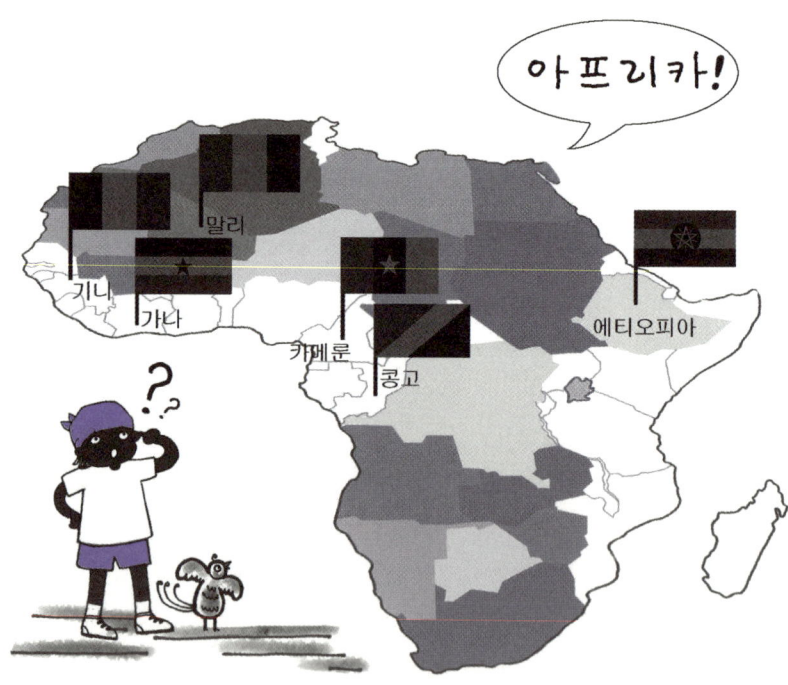

CHAPTER **7**
# 명소, 토산품의 수수께끼

## 아프리카에서 어업이 발전하지 않은 이유는?

아침은 정어리 말린 것, 점심은 구운 생선 정식, 저녁은 생선회를 안주로 한잔……. 그런 식의 식단을 만족스러워하는 사람들이 일본 사람들이다. 일본은 생선을 좋아하기로는 세계에서도 손꼽히는 나라다.

통계에 의하면 일본인 한 명이 1년간 먹는 생선의 양은 72킬로그램이다. 유럽인들은 22킬로그램, 아프리카인들은 8킬로그램인 것에 비교하면, 일본인들은 유럽인의 3배 이상, 아

프리카인의 9배나 되는 생선을 위 속에 집어넣고 있다는 소리다.

그런데 이 수치로 봐서 신경이 쓰이는 곳은 아프리카다. 아는 바와 같이 아프리카 근해에는 세계적인 어장이 수없이 많다. 세이셸제도 부근의 다랑어, 나미비아 근해의 정어리, 모잠비크 해협의 새우 등은 특히 유명하다. 그런 어업 자원의 축복을 받은 지역에서 살고 있는데도 아프리카인들이 생선을 별로 먹지 않는 이유는 뭘까?

그것은 예로부터 아프리카에서는 생선을 먹지 않아도 육상의 동물을 잡으면 충분히 동물성 단백질을 섭취할 수 있었기 때문에, 일부러 위험을 무릅쓰며 바다로 나갈 필요가 없었던 것이다. 그 때문에 아프리카에서는 어업이나 생선을 먹는 음식문화가 발전하지 못했다.

물론 어업이 전혀 없는 것은 아니어서 가나에서는 어업이 상당히 발달돼 있다. 또 아프리카에는 거대한 호수도 있어서 차드 호나 빅토리아 호에서는 그물을 수직으로 쳐서 물고기를 잡곤 한다. 그러나 다른 지역에는 직업적인 어부는 거의 없다고 봐도 좋다.

바다로 둘러싸인 대륙에 살면서 생선의 맛을 모른다니 아깝기 그지없는 일이다.

## 노르웨이의 해안선이 들쑥날쑥한 이유는?

세계지도에서 북유럽 주변의 지형을 보면 노르웨이의 해안선이 몇천 킬로미터에 걸쳐 들쑥날쑥하게 생긴 것을 볼 수 있다.

지도상으로 보면 밀리미터 단위에 지나지 않지만, 실제로는 내륙을 향해 수천 킬로미터 이상이나 깊이 파여 있다. 노르웨이 서해안 최대의 송네 피오르드 등은 길이 200킬로미터를 넘고 그 양측 해안은 깊이 파인 협곡을 만들고 있으며 수심은 1,200미터에 이른다.

이렇게 상상을 초월한 규모의 피오르드가 무수하게 이어져

있는 노르웨이의 해안선은 복잡하면서도 웅대한 경관을 만들어내는 것이다. 그런데 이 피오르드는 대체 어떻게 생긴 것일까?

빙하시대, 위도가 높은 지역에서

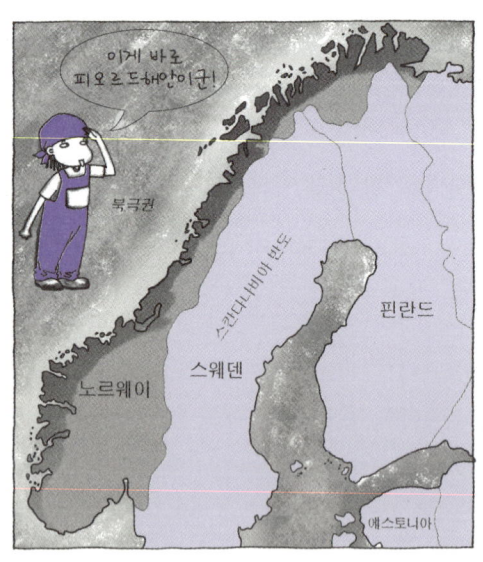

는 무수한 빙하가 발달했다. 그 겹겹이 쌓인 두꺼운 얼음덩어리는 암석을 깎고 지표를 침식하면서 해안선까지 이르렀다. 이렇게 깎여진 깊은 협곡을 '빙식곡(氷蝕谷)'이라고 하는데, 빙하기가 끝나자 얼음덩어리는 녹고 이 빙식곡에 해수가 들어온 것이다. 그것이 피오르드이다. 즉, 땅에 박힌 빙하가 녹은 뒤에 해수가 흘러들어온 것이다.

같은 이유로 생긴 피오르드는 노르웨이뿐만 아니라 알래스카나 그린란드, 칠레나 뉴질랜드에도 있다. 세계 최장인 피오르드는 동그린란드의 노드베스트 피오르드이다. 전체 길이는 놀랍게도 313킬로미터에 이른다.

## 서부극에 등장하는 바위산의 정체는?

서부극 영화에서 빼놓을 수 없는 것은 말을 타고 악당을 뒤쫓는 장면이다. 서부의 대지를 모래바람 휘날리며 달려가 악당 녀석이 뒤돌아보는 순간, 총으로 빵! 하고 쏘는 장면이 없다면 서부극이 아니다.

그런 서부극을 보고 있으면 기둥처럼 우뚝 솟은 바위산이 자주 등장하는데, 그것은 대체 어떠한 것일까? 자연은 어떻

게 그런 신비로운 형태의 바위산을 만든 것일까?

산이 침식되어 그 부분만 남았다고는 생각하기 어렵다. 작은 암석이 쌓이면서 기둥처럼 되었다는 생각도 이상하다. 아무리 자연의 힘이 위대하다고 해도 그런 일은 있을 수 없다.

사실은 저 대평원에 우뚝 솟은 바위산의 정체는 '용암주'로 불리는 것이다. 그것은 마그마가 굳어서 생겨난 것이라고 한다.

그 옛날 미국 서부에서는 화산활동이 활발하여 땅속에서는 마그마가 부글부글 끓고 있었다. 그리고 부글부글 끓던 마그마는 그 에너지를 방출하려고 위를 향해 올라갔다. 위를 향해 올라가던 마그마가 지상으로 나오기도 전에 식어버려서 그 형태 그대로 땅속에서 굳어버렸는데, 그것이 나중에 지표로 나와 그러한 형태의 바위산이 된 것이다.

땅속에서 생긴 용암주가 지상의 바위산이 되기 전까지의 경위를 보자면, 여러 가지로 새롭게 생겨난 마그마에 눌려버린 것이 있는가 하면 지반 변동으로 돌출된 것도 있고, 주변의 땅이 침식하여 지상으로 나온 것도 있다.

서부의 대지에는 아직도 많은 용암주가 묻혀 있다고 한다. 앞으로도 어떠한 작용으로 인해 새로운 기둥이 불쑥 얼굴을 들어낼 가능성도 있는 모양이다.

# 그랜드캐니언은 어떻게 생겨 났을까?

자신이 살고 있는 도시의 항공사진을 보면 자신의 생활공간이 '너무나도 보잘것없이 작다'고 느끼게 마련이다. 그러나 그 한편으로는 항공사진에서 처음으로 보고 그 엄청난 크기에 놀라는 곳도 있다. 예를 들면 세계 최대의 협곡, 그랜드캐니언이다.

그랜드캐니언의 전체 길이는 446킬로미터, 골짜기의 폭은 800미터에서 29킬로미터, 깊이는 가장 깊은 곳이 1,830미터나 된다.

그랜드캐니언 주변에서는 사우스 림이라는 지점이 '그랜드캐니언을 한눈에 볼 수 있다'는 이유로 관광객들에게는 인기가 있는데, 아무리 한눈에 바라볼 수 있다고 해도 그곳에서 볼 수 있는 광경은 그랜드캐니언의 약 4분의 1 정도이다. 항공사진이나 위성사진이 아니면 그랜드캐니언의 전경을 볼 수는 없는 것이다.

그런데 이 거대한 협곡은 대체 어떻게 해서 생긴 것일까? 말도 안 될 정도의 어마어마한 협곡이니 오랜 시간이 걸렸을 것이라는 것은 상상할 수 있을 것이다.

그랜드캐니언이 생기기까지는 놀랍게도 20억 년의 시간이 걸렸다. 20억 년이라고 해도 어느 정도인지 감이 안 오는 사람들은 지구 역사의 40% 정도라고 인식하면 된다.

20억 년 전, 그랜드캐니언 부근은 해면의 높이와 거의 비슷한 평원이었다. 거기에 퇴적암이 퇴적되고, 또 지면이 융기해서 17억 년 전에는 현재의 로키산맥 이상의 높이를 가진 거대한 산맥이 되었다.

그러나 이 산맥은 5억 년 후에는 일단 모습을 감추게 된다. 해수에 침식되어 수몰해버린 것이다. 이 대지의 융기와 수몰의 드라마는 그 후, 두 번 반복된다.

그랜드캐니언이 현재의 모습을 갖추게 된 것은 약 천만 년 전 일이다. 최종적으로 융기해서 생긴 대지가 콜로라도 강에 침식되어 협곡이 된 것인데, 천만 년 전이라고 해도 20억 년의 역사를 알고 나면 아주 최근의 일처럼 보이니 신기한 노릇이다.

## 오스트레일리아에 유대동물이 많은 까닭은?

판다에 이어 인기가 높은 코알라. 코알라는 오스트레일리아 출신답게 캥거루와 마찬가지로 유대류(주머니과 동물)이다.

일반적으로 우리가 알고 있는 유대동물이라고 하면 코알라,

캥거루, 캥거루의 소형판인 왈라비 정도인데, 오스트레일리아에는 이 외에도 150종류 이상이나 되는 유대동물이 있다. 이만큼 많은 유대동물이 있는 곳은 세계에서도 오스트레일리아뿐이다.

실은 옛날에는 오스트레일리아 이외에도 많은 유대동물이 있었다. 그 증거로 세계 각지에서 유대동물의 화석이 발견되고 있다. 그럼에도 불구하고 현재 오스트레일리아 이외의 지역에 유대동물이 거의 없는 것은, 다른 동물과의 생존경쟁에 밀렸기 때문이다.

유대동물이 오스트레일리아에서만 살아남을 수 있었던 것

은 오스트레일리아 대륙이 다른 대륙으로부터 고립되어 있어, 유대동물을 포식하는 대형 맹수가 들어오지 않았기 때문이다.

유대동물 이외에도 오스트레일리아에는 같은 이유에서 살아남은 진귀한 동물들이 적지 않게 있다. 포유류의 선조라고 일컬어지는 오리너구리도 그중 하나다. 오리너구리는 포유류이면서도 알을 낳고 모유로 기른다는 특이한 동물인데, 초기의 포유류는 모두 그랬다는 것이 최근에 밝혀졌다. 이러한 원시적인 동물이 지금에도 일반적으로 살고 있는 곳이 오스트레일리아라는 곳이다.

그런데 오스트레일리아 대륙이 다른 대륙에서 분리돼 나온 것은 지금으로부터 2억 년 전의 일. 다시 말해 아직 공룡이 걸어 다니던 시대의 일인 것이다.

## 에게 해 주변 섬의 집들은 왜 모두 하얄까?

관광 안내서에는 각각 빼놓을 수 없는 사진이 있다. 뉴욕이라면 빌딩, 하와이라면 해변과 야자나무라는 식으로, 그 한 장이 없으면 손님들의 이미지를 부풀릴 수 없는 것이다.

그럼 에게 해의 섬들을 상징하는 사진이라고 한다면 무엇일까? 물론 '하얀 집' 이다.

말 그대로 에게 해의 섬들에는 하얀 집이 많다. 아니, 온통 하얀 집만 보인다.

대체 왜, 에게 해의 집들은 모두 다 하얀색으로 칠을 한 것일까?

원래는 강렬한 햇빛을 반사시키기 위해 하얗게 칠한 것인데, 최근에는 관광 목적을 위해 의도적으로 하고 있다고 한다. 각자의 집들을 하얗게 칠하자고 마을 주민들이 단합했다는 소리다.

관광 안내서에는 미코노스 섬 사진이 자주 등장하곤 하는데, 그것은 에게 해에 떠 있는 다수의 섬들 중에서도 미코노스 섬의 하얀 집 정책이 가장 철저하게 행해지고 있기 때문이다.

미코노스 섬에서는 1976년, 섬 주민들 사이에서 모든 가옥들을 하얀색으로 칠하자고 결의한 이후 지금까지 그것이 이어지고 있다. 벽을 칠하는 페인트는 집집마다 한 통씩 챙겨두고 있는 상비 품목이고, 깨끗한 하얀색을 유지하기 위해 일 년에 3번 정도 덧칠을 한다고 한다.

현재, 미코노스 섬은 에게 해 주변에서 가장 일반적인 관광지로 꼽히고 있다. 이 섬의 애칭은 '하얀 보석' 이라고 하는데, 섬 주민들의 하얀 집 작전은 성공했다는 소리다.

물론 일부러 그런 결정을 했다는 말은 그 이전에는 하얗지 않은 집도 있었다는 뜻이다. 관광 안내서를 보면 마치 고대 그리스 시대부터 하얀 집만 있었던 것처럼 보이지만 그런 것은 아니다.

참고로 말하자면, 미코노스 섬에서는 문과 지붕은 흰색이 아니라 갈색이나 푸른색으로 정해져 있다.

## 어째서 유전은 사막지대에 많은가?

OPEC(석유 수출국 기구) 가맹국들의 대부분은 중동이나 북아프리카의 사막지대에 있다. 그 때문에 석유는 사막에서 나는 것이라고 생각하는 사람들도 많이 있는데 그것은 큰 착각이다.

실제로 OPEC에는 열대우림지대인 인도네시아도 가입하고 있고, 그 밖에도 해저유전을 가진 나라도 있다. 석유는 사막에서만 나오는 것이 아니라는 것이다.

그러나 많은 유전이 사막지대에 있는 것도 사실이다. 이것은 대체 왜 그럴까?

석유가 사막에 많은 것은 단순한 우연에 지나지 않는다. 중동이나 북아프리카에 석유가 많은 것은 그곳이 아주 오랜 옛날 바다의 밑바닥이었다는 사실에서 유래한다.

원래 지금 우리가 사용하고 있는 석유는 과거 바다에 살던 플랑크톤으로부터 만들어졌다. 수명을 다한 플랑크톤은 해저에 퇴적됐고, 그것이 지열과 지압의 영향을 받아 석유가 된 것이다. 그러므로 석유가 나온다는 것은 일찍이 그곳이 바다 밑이었다는 증거인 것이다.

현재 우리들이 사용하고 있는 석유는 약 2억 천만 년에서 6천만 년 전에 죽은 플랑크톤으로부터 생긴 것이라고 추정하고 있다.

## 터키에는 없는 터키석?

1900년, 터키석이 들어간 팔찌를 낀 미라가 발굴되었다. 그 미라가 5천 년 전의 이집트 왕비였다는 사실이 밝혀지고, 터키석이 5천 년 이전부터 장신구로 쓰였다는 사실이 명확해지자 역사연구가들뿐만 아니라 보석 업계에서도 큰 화제가 됐었다.

그런데 이 터키석은 그 이름으로 봐서는 터키가 보통 산지라고 생각하는 것이 일반적이다. 그러나 예나 지금이나 터키에서는 이 돌이 채굴된 적이 없다. 그러면 왜 '터키석'은 터키에서는 채굴되지도 않는데 그렇게 부르게 된 것일까?

터키석의 어원은 프랑스어의 '타코이즈'로, 13세기 무렵부터 이렇게 불렸다는 것을 알 수 있다. 그러나 그 유래는 여러 가지 설들이 있지만 확실하지는 않다.

가장 일반적인 것은 '터키 경유설'이다. 페르시아나 시나이 반도에서 채굴된 이 돌이 터키를 경유해서 유럽으로 온 것이기 때문에 터키석이라고 불리게 되었다는 설이다. 사실 중세, 근세의 터키는 국제경제의 중심지였다. 이 설은 그 당시 시대 상황으로 봐서도 일리가 있다.

이 설과는 미묘하게 다른 '터키 상인설'도 있다. 이것은 이 돌을 다뤘던 것은 터키 상인들뿐이라는 말이다. 즉, 터키 상인들이 독점 판매하고 있었기 때문에 터키석이라고 불렸다는 것이다. 이것도 충분히 생각해볼 만한 가치가 있다.

또 다른 유력한 설이 있다. '동경의 터키설'이다. 13세기 당시의 터키는 풍요롭고 문화도 발달되어 유럽인들이 동경했던 국가였다. 그 이국을 동경하는 마음으로 보석 중에서도 인기가 높았던 돌에 '터키'라는 이름을 붙였다는 것이다. 이것도 상당히 설득력 있는 설이다.

## 아프리카에서
## 다이아몬드가 많이 채굴되는 이유는?

다이아몬드는 탄소 원자만으로 이루어져 있다. 이 사실을 인류가 알게 된 것은 18세기의 일이다.

물론 저 새카만 숯도 탄소이다. 그래서 숯으로 다이아몬드를 만들 수 있을 것이라는 생각을 하게 된 수많은 과학자들이 현대의 연금술에 도전했다.

그 후, 수많은 실패를 거듭하는 속에서 인류는 인공 다이아몬드를 만드는 기술을 손에 넣었다. 단, 그 대부분은 공업용으로 많은 여성들이 한숨을 내쉴 만한 아름다운 보석용 다이아몬드는 물론 천연물이다.

다이아몬드의 결정화에는 1,500~2,000도의 고온과 6만 기압이라는 고압이 필요하다. 그 환경은 현대의 기술을 갖고도 만들어내기는 쉽지 않다. 그럼 대체 자연계에서 어떻게 해서 그런 환경이 만들어져서 다이아몬드가 생겼던 것일까?

다이아몬드의 결정은 땅속 아주 깊은 층에서 만들어진다. 지표에서 200~300킬로미터 근처에서 겨우 다이아몬드의 결정화에 필요한 고온, 고압 환경을 얻을 수 있는 것이다.

그러나 그런 깊은 곳에서 생긴 다이아몬드를 왜 현재의 인간들이 채굴할 수 있는 것일까?

이야기는 1억 5000만 년 전으로 거슬러 올라간다. 그 무렵, 아프리카는 남미나 오스트레일리아와 연결돼 있었다. 이 곤드와나 대륙이라고 하는 커다란 대륙이 오랜 시간에 걸쳐 분열하여 지금과 같은 배치가 된 것이다. 그러는 사이 대규모 지반활동으로 땅속에 잠들고 있던 다이아몬드의 원석이 지표 근처까지 솟구쳐 올라왔다.

그러한 이유로 이 지반활동의 중심이 된 아프리카 대륙에서 다이아몬드가 다수 산출되게 된 것이다.

나라별로 보면 자이르, 보츠와나, 남아프리카 등이 주요 산출국이다. 그 밖에 오스트레일리아, 인도네시아, 러시아 등에서도 채굴되고 있다.

# 아마존 유역에 거대한 나무가 많은 것은 왜일까?

'세계에서 가장 긴 강은 나일 강. 그럼 세계에서 가장 넓은 강은 무엇일까?'

정답은 아마존 강이다. 길이로는 나일 강에 뒤지지만 유역 면적은 세계 최대이다. 705만 제곱킬로미터나 되니 말이다. 그것은 남미 대륙의 약 40%에 해당하는 넓이다.

어쨌든 세계 하천의 총 수량 중 15~18%가 아마존 강의 물이라고 하니 참으로 엄청난 강인 것이다.

그런데 이 아마존 강 유역의 나무들도 엄청나기는 마찬가지이다. 직경 2, 3미터의 거대한 나무들이 아마존 강 유역에서는 그야말로 잡초처럼 들어차 있다.

아마존 유역의 기후는 열대우림에 속하는데, 일반적으로 열대우림의 나무는 다른 지역의 나무보다도 키가 크고 굵은 경향이 있다. 비가 많은 기상조건이 나무의 생육에 적합하기 때문이다. 그러나 아마존의 어마어마한 나무들은 열대우림이라는 기상조건만으로는 설명할 수 없을 정도로 크다.

그렇다고 하면 아마존 유역의 토양이 특별히 좋을지도 모른다는 생각을 할 수도 있겠지만 그렇지도 않다. 오히려 나무들이 거대해진 것은 환경의 축복을 받지 못해서이다.

무슨 말이냐면 아마존 유역처럼 각양각색의 나무들이 번성하는 밀림은, 식물에게 있어 혹독한 생존경쟁에 내던져지는 환경이다. 무엇보다 나무들이 밀집되어 있기 때문에 다른 나무보다 키가 작으면 햇빛을 쬐지 못해서 광합성을 할 수 없게 된다. 그래서 살아남으려면 태양광선을 찾아 위로, 위로 솟아야 할 필요가 있는 것이다.

아마존의 나무들은 그런 식으로 '진화'해온 것이다. 즉, 아마존의 나무들은 살아남기 위해 거대해진 것이지 결코 토양이 풍부하고 비옥했던 것은 아니다.

그리고 거대한 나무가 한 그루 있으면 그 주변의 토양의 양분은 모두 그 나무에게 빨려 들어가버린다. 그래서 약한 나무들은 도태되고 강한 나무는 더욱 커져간다. 아마존의 대자연 속에서 식물끼리도 날마다 이와 같은 생존경쟁을 벌이고 있는 것이다.

## 왜 독일은 맥주의 본고장이 되었을까?

고대 이집트에서는 피라미드 건설에 끌어들인 노동자들에게 맥주를 먹였다고 한다. 몇천 년 전부터 '일이 끝난 후에는

맥주가 최고!' 라고 생각했었다는 말인데 그런 옛날부터 맥주
가 있었다는 사실 그 자체가 놀라운 일이 아닐 수 없다.

맥주의 기원을 따져보면 기원전 4000년까지 거슬러 올라
간다. 메소포타미아 지방에서 살고 있던 수메르인들은 보리
로 발효 빵을 만들어 먹었고, 이 빵의 가루에 물을 섞은 뒤
발효시켜 마신 것이 맥주의 시초로 본다.

그러나 오늘날 맥주라는 말에서 이집트나 메소포타미아를
연상하는 사람은 거의 없다. 오히려 현대의 맥주의 본고장이
라고 하면 역시 독일을 떠올린다. 그 이유는 무엇일까?

원래 맥주가 오늘날과 같은 맛이 된 것은 독일 맥주의 발전
사가 크게 연관되어 있다. 맥주 제조법이 유럽으로 전해져 크
리스트 교회가 '맥주는 액체로 된 빵' 이라 부르면서부터 교

회나 수도원에서 맥주가 왕성하게 만들어지게 되었다. 독일에서도 6세기 이후 대부분의 수도원에서 맥주가 만들어졌다.

맥주 발전사 속에서 중요한 사건을 말하자면 역시 '라거 맥주의 탄생'이다. 라거는 15세기, 독일의 바바리아 지방에서 탄생했다. 그때까지 맥주는 상면 효모에 의한 상면 발효가 주류였는데, 라거는 효모를 맥주통 밑에 가라앉혀 발효시키는 하면 발효이다. 이러한 발효과정 때문에 한동안 창고(독일어로 Lager)에 맥주를 저장하면서 붙여진 이름이 라거이다.

현재 세계에서 가장 많이 마시고 있는 것이 이 라거 맥주이다. 독일이 맥주의 본고장이라고 일컬어지는 이유는 이 라거의 맛이 세계로 널리 퍼졌기 때문이라고 볼 수 있다. 참고로 현재 독일에는 6,000종류나 되는 맥주가 있다.

## 다이아몬드는 나지도 않는데 어째서 다이아몬드 헤드라고 하는가?

와이키키, 오아후, 카우아이 등 하와이의 지명은 대개 현지의 말이 붙여져 있다. 그 독특한 울림이 너무나도 남국의 섬다운 분위기를 풍겨준다.

그런데 하와이를 대표하는 산이라고 하면 와이키키 해변을 내려다보는 다이아몬드 헤드를 들 수 있다. 어째서 이 산의 이름만 미국식인가?

해발 232미터인 이 산은 현지에서는 레아히(Leahi)로 불려왔다. 다랑어의 머리라는 의미로, 과연 그 모습이 다랑어 같기도 하다.

이 산에 '다이아몬드 헤드'라는 보석명이 붙여진 것은 18세기 후반의 일이다. 영국의 선원이 이 산에서 빛나는 돌을 발견했을 때 '다이아몬드다!'라고 외치며 매우 기뻐했다는 것이 시작이라고 한다.

결국 이 돌은 석영이었는지 수정이었는지 여러 설이 있지만, 다이아몬드가 아니었다는 것은 확실한 사실이다. 그러나 그 이름만은 여전히 다이아몬드 헤드로 남았다. 말하자면 인간의 욕망의 상징 같은 이름으로 깊은 뜻이 담겨 있는 것이다.

생각해보면 이 이름은 그 후, 하와이 제도가 미국 본토나 각국으로부터 수많은 관광객들을 끌어들이는 유명한 휴양지가 되는 과정에 한몫했다고도 말할 수 있을 것이다. 다랑어의 머리보다는 다이아몬드 헤드가 관광산업에 있어 유익한 이름이라는 것은 틀림없는 사실 아닌가.

그리고 지금도, 옛날에도 다이아몬드 헤드의 등산은 하와이 관광의 빼놓을 수 없는 코스다. 정상까지의 거리는 편도 약 1킬로미터, 소요 시간은 30~40분(편도) 정도이다.

먼 옛날 하와이 사람들은 이곳 정상에 헤이아이라고 불리는 제단을 마련했었다. 그리고 제2차 세계대전 중에는 미군이 관제탑을 두고 대포도 두었다. 이를테면 하와이 역사의 타임캡슐이라고 할 수 있는 산인데, 그 때문에 등산로의 안내 지도에는 역사 속으로의 도보 여행(Hike into History)이라고 적혀 있다.

## 서퍼들을 열광시키는 하와이의 파도는 어디에서 오는가?

만약 남극에 갈 일이 있다면 기억해두어야 할 말이 있다. 바로 '울부짖는 40도(Roaring Forties)'라는 말이다.

남위 40도를 넘는 주변부터는 배가 심하게 흔들리기 시작한다. 책상 위에 있는 물건들은 좌우로 흔들리고 식사를 하는 것도 괴롭다. 서서 걷는 것조차 어려워진다. 그것은 편서풍이 휘몰아치는 폭풍우에 돌입했다는 증거인 것이다.

폭풍우는 그것으로 끝나지 않는다. 그 앞에는 '미치광이 50도' '울부짖는 40도'로 불리는 해역이 기다리고 있다. 남극 주변의 바다는 연중 미쳐 날뛰는 것이다.

사실은 하와이의 서퍼들을 즐겁게 해주는 것이 바로 이 남극의 폭풍우이다. 이 해역에서 발생한 거대한 물결이 태평양을 북상해서 적도를 넘어 멀리 하와이까지 찾아온다. 거기서 큰 파도가 된 '울부짖는 40도'는 실력을 뽐내는 서퍼들의 도전을 받아들이고 있는 것이다.

물론 남극 태생의 파도는 하와이로만 향하는 것은 아니다. 하와이에 큰 물결이 도착하는 것은 남극과 하와이 사이에 장애물이 없기 때문이다.

예를 들면 남극과 우리나라 사이에는 오스트레일리아나 인도네시아가 있기 때문에 우리나라에는 이 남극의 큰 파도는 밀려오지 않는다. 한편 태평양에 따로 떨어져 있는 하와이 제

세상에서 가장 재미있는 세계지도

도에는 그 큰 파도가 그대로 밀려드는 것이다.

하와이가 서핑의 성지가 된 이유는 또 있다. 서퍼에게 있어 이상적인 파도란 크기만 하면 되는 게 아니다. 파도의 형태도 중요한 요소가 된다. 이상적인 파도 모양은 일단 벽처럼 우뚝 선 뒤, 그 후에 서서히 무너져 내려오면서 산뜻한 파이프라인을 만드는 것이다. 와이메아나 마카하 등 하와이의 유명한 서핑지에서는 해저가 산호초나 암초로 되어 있기 때문에 이와 같은 아름다운 파도가 되는 것이다.

한편 해저가 얕고 멀리까지 모래사장으로 되어 있는 지역의 파도는 작기 때문에 초보자용이다. 파도는 해저의 지형에도 큰 영향을 받는 것이다.

## 세상에서 가장 멋진 옐로스톤 간헐천의 구조는?

수면에서 갑자기 부글부글 거품이 이는가 싶더니 하늘 높이 뜨거운 물이 솟구친다. 어떤 기대감을 품게 하는 화려한 연출이다. 간헐천은 자연이 만들어낸 쇼 같은 느낌이 든다.

미국의 와이오밍 주, 옐로스톤 국립공원에 가면 엄청난 간헐천을 볼 수 있다. 이곳은 자연환경과 야생동물보호의 목적으로 1872년에 설립된 세계 최초의 국립공원이다. 이곳에는 200개 정도의 간헐천이 있는데, 그중에서 가장 큰 자이언트 간헐천은 세계 최대로, 높이가 최대 115미터나 된다고 하니 초고층 빌딩과 맞먹을 정도이다.

그러나 아쉽게도 그 순간을 눈으로 보기는 상당히 어렵다. 그 간격이 너무나 길기 때문이다. 지난 번 분출은 2000년 5월이었고, 그 전은 1991년의 일이다. 따라서 다음 분출까지는 월드컵이 한두 번은 더 열려야 할 것이다.

그러나 너무 실망하지 않아도 된다. 관광지로 유명한 올드 페이스풀 간헐천은 규모는 좀 떨어지지만, 약 70분 간격으로 50~60미터의 높이까지 약 4분간에 걸쳐 솟구친다. 이것이라면 놓치진 않을 것이다.

그런데 이 간헐천이 열탕을 분출시키는 구조는 어떻게 형성된 것일까?

우선 땅속 빈자리에 지하수가 흘러 들어가고, 그것이 지열로 인해 끓어올라 지표로 솟구쳐 나온다. 그 후 분출되고 난 땅속의 빈자리에는 또 차가운 지하수가 흘러 들어와 다시 덥혀지면서 끓게 된다. 이 반복 작용으로 간헐적으로 열탕을 솟구치게 하는 것이다.

# 브라질이 거대한 커피 산지가 된 계기는?

　사람을 만났을 때 가장 많이 꺼내는 말 중에 하나가 '커피나 한 잔 마시러 가자'이다. 그 정도로 커피는 우리들의 생활 속에 깊이 침투하고 있다.

　우리들이 마시는 커피는 대부분 브라질에서 수입해오고 있다. 물론 브라질은 다들 아는 바와 같이 매년 200만 톤 이상의 커피를 생산하고 있는 세계 최대의 커피 생산국이다.

　브라질에 커피 묘목이 심어지게 된 것은 1727년의 일이다. 하지만 곧바로 브라질의 주산물로서 성장한 것은 아니다. 브라질의 커피 생산량을 비약적으로 늘린 것은 미국 독립의 계기가 되었던 보스턴 차 사건이다.

　당시 영국의 식민지였던 미국에서는 커피보다는 홍차를 즐겨 마셨다. 그러나 영국 정부가 다조령(茶條令)을 발표하면서 수입 홍차 판매를 독점하고 가격을 멋대로 책정해버리자, 이에 격분한 식민지 사람들은 보스턴에 정박하고 있던 영국 배를 습격해서 쌓아둔 홍차를 바다로 던져버리고 만 것이다.

　이 사건을 계기로 독립에 대한 박차가 가해지고, 또 미국인들은 영국의 이익을 늘려주는 홍차가 아니라 커피를 마시게 된 것이다. 그 커피의 대부분을 공급한 것이 브라질이다.

　원래부터 기후적으로 적합했던 브라질의 커피 생산은 그 후

에도 발전하여 19세기 후반에는 일시적으로 세계 커피 생산
의 반을 차지하기도 했다. 지금도 전 세계의 20% 정도가 브
라질산 커피다.

　따라서 우리들이 자주 마시는 인스턴트 커피도 대부분은 브
라질산 원두를 기본으로 하고 있다. 브라질산 원두는 맛도 향
기도 부드럽기 때문이다. 누구에게라도 받아들여지기 쉬운
맛과 향기가 세계 사람들의 사랑을 받아 브라질을 세계 제1
의 커피 생산지가 되게 한 것이다.

# 세계 최대의 바위, 에어스 록은 어떻게 생겨 났을까?

최근 에어스 록은 현지에서 '울루루(Uluru)'로 불리는 일이 많다. 왜일까?

오스트레일리아에서 원주민인 애버리진을 둘러싼 문제는 중요하고 민감한 문제이다. 근래에 들어 애버리진 복귀운동이 활발하게 일어나 이 에어스 록도 1985년, 애버리진에게 반환되었다. 이 세계 최대라고 일컬어지는 바위는 원래 울루루(집회의 장소)로 불리는 애버리진의 성지인 것이다.

1872년, 탐험가 윌리엄 고스가 이 바위산을 발견하였다. 그는 그곳에 당시의 남 오스트레일리아 주 서기장이었던 헨리 에어스 경의 이름을 기념하여 에어스 록(Ayers Rock)이라는 이름을 붙였다. 공기라는 의미인 '에어(air)'와는 전혀 관계가 없다.

그런데 높이 350미터, 둘레는 약 10킬로미터인 이 거대한 바윗덩어리는 도대체 어떻게 생겨난 것일까?

이야기는 6억 년 정도 전으로 거슬러 올라간다. 당시 이 지역에는 여러 산에서 강을 따라 실려 오는 퇴적물에 의해 역암층과 사암층이 형성되었다. 그 후, 일단 지반이 가라앉아 해저가 됐고 모래나 진흙, 석회암 등이 원래의 층 위로 쌓였다. 3~4억 년 전이 되자 이번에는 커다란 조산운동이 일어났다. 그리고 지표로 돌출한 부분이 비바람에 깎여 딱딱한 부분만 남은 것이 에어스 록인 것이다.

그러므로 이 바위는 단순하게 상상할 수 있는 것처럼 커다란 돌덩어리 같은 것이 지면 위로 굴러다니는 게 아니다. 바위의 밑은 땅속에 깊이 묻혀 있는데, 그 아래가 어떻게 되어 있는지 아직도 밝혀진 것이 없다. 지하 6,000미터에 이른다는 설도 있고, 주위의 평원 아래로 수 킬로미터에 걸쳐 퍼져 있다는 설도 있지만, 아직 아무도 그 비밀은 알 수 없다.

그런데 이 에어스 록이 세계 최대의 바위라고 할 수 없다는 설도 있다. 같은 오스트레일리아의 '마운트 아우구스투스'라는 바위가 더 크다는 것이다. 오스트레일리아를 갔을 때 시간과 금적적인 여유가 있는 사람은 꼭 한번 비교해보았으면 한다.

# 어째서 오스트레일리아는 최대의 양모 산지가 되었을까?

우리나라의 인구와 오스트레일리아의 양의 수 중 어느 쪽이 더 많을까?

정답은 오스트레일리아의 양이다. 약 1억 6천만 마리나 되는 양들의 나라인 오스트레일리아는, 세계 양모 생산의 3분의 1을 차지하는 양모 국가이다.

그럼 어째서 이 정도로 오스트레일리아에서는 양들이 번성한 것일까?

남북으로 3,100킬로미터, 동서로는 4,000킬로미터, 한반도의 35배나 되는 면적을 가진 오스트레일리아이다. 그러나 인구는 2,000만 명 정도로 남한의 2분의 1에도 못 미친다. 그 대부분이 남동부나 남서부의 해안에서 100킬로미터 이내의 온난한 기후와 비의 혜택을 입은 지역에 살고 있다.

국토의 대부분은 연간 강수량이 500밀리미터 이하인 건조지대, 반 건조지대로 사람이 살기에는 너무나도 가혹한 환경인 것이다.

하지만 인간의 삶에는 적합하지 않아도 그 기후는 양을 기르기에는 최적이라고 할 수 있다.

목초지에 적합한 강수량은 연간 250~750밀리미터이다. 즉 비가 거의 내리지 않는 사막에서는 양을 칠 수가 없고, 비가 너무 내리는 열대우림지역도 곤란하다. 오스트레일리아의 내륙지방은 그 점에서 절호의 조건인 것이다.

거기다 오스트레일리아의 대지에는 기복이 거의 없다. 양을 방목하기에 적합한 지형인 것이다.

그리고 오스트레일리아의 대륙에는 또 다른 필요조건이 겸비돼 있다. 풍부한 지하수의 축복을 받은 점이다. 오스트레일리아의 내륙지방은 너무나 평탄하여 하천이나 호수가 거의 없다. 대부분의 빗물은 지표로 흘러가는 일 없이 땅속으로 스며들어가 버려 지하수맥을 만든다. 이 지하수가 비축되어 있는 지역이 '대찬정분지(大鑽井分地 ; Great Artesian Basin)'로 불리는 지역이다.

화재 감시대에 풍차가 달린 것 같은 사진을 본 적이 없는가? 그것은 풍차로 깊은 우물에서 지하수를 끌어올리고 있는

것이다. 이 오스트레일리아의 지하수는 염분이 너무 강해 식
수로는 쓸 수가 없지만, 양이나 소에게는 문제없이 사용할 수
있다.

　이상과 같은 조건이 갖춰져서 오스트레일리아는 세계 최대
의 양모 산지가 된 것이다.

옮긴이 **박영난**

1964년 대구에서 태어나, 도쿄 외국어대학에서 일본문학과 국제관계학을 전공했다. 그 후 일본 NHK를 거쳐, 현재는 일본문학과 영상번역작가로 활동 중이다. 번역서로는 『사치코 서점』 『안녕, 방랑이여』 『아이즈너 아이즈너』 등이 있다.

일러스트 **박유진**

1973년 출생, 대학에서 미술학부 동양화를 전공했다. 『세상에서 가장 신비로운 우주지도』 『세상에서 가장 쉬운 수학지도』 『세상에서 가장 재미있는 문명지도』 『세상에서 가장 재미있는 남극지도』 『세상에서 가장 재미있는 과학지도』 『나를 바꾸는 1%의 비밀』 『재미있는 경제동화』에 그림을 그렸고, MBC와 EBS의 다큐 영상 그림, '시월에 눈 내리는 마을' '언니네 이발관' 등의 콘서트 영상 그림과 무대를 디자인했다. 현재는 디자인 스튜디오 유잠의 수석 디자이너로 활발한 활동 중이다.

세상에서 가장 재미있는 **세계지도**

**1판    1쇄** 2004년  8월 10일
**개정판    1쇄** 2006년  2월  1일
         **58쇄** 2021년  1월 25일

**지 은 이** 재미있는 지리학회
**옮 긴 이** 박영난
**일러스트** 박유진

**발 행 인** 주정관
**발 행 처** 북스토리(주)
**주      소** 서울특별시 마포구 양화로 7길 6-16 서교제일빌딩 201호
**대표전화** 02-332-5281
**팩시밀리** 02-332-5283
**출판등록** 1999년 8월 18일 (제22-1610호)
**홈페이지** www.ebookstory.co.kr
**이 메 일** bookstory@naver.com

ISBN 978-89-89675-30-3 03980
      978-89-93480-01-6 (세트)

세계 각국의 수도, 면적

| 지역 | 국가명 | 수도 | 면적(천 ㎢) |
|---|---|---|---|
| 아시아 | 대한민국(남한) | 서울 | 99.3 |
| | 네팔 | 카트만두 | 140.8 |
| | 라오스 | 비엔티안 | 236.8 |
| | 레바논 | 베이루트 | 10.4 |
| | 말레이시아 | 쿠알라룸푸르 | 329.8 |
| | 몽골 | 울란바토르 | 1,566.5 |
| | 미얀마 | 양곤 | 676.6 |
| | 바레인 | 마나마 | 0.7 |
| | 방글라데시 | 다카 | 144.0 |
| | 베트남 | 하노이 | 331.7 |
| | 브루나이 | 반다르세리베가완 | 5.8 |
| | 사우디아라비아 | 리야드 | 2,149.7 |
| | 스리랑카 | 스리자야와르데네푸라코테 | 65.6 |
| | 시리아 | 다마스쿠스 | 185.2 |
| | 싱가포르 | 싱가포르 | 0.6 |
| | 아랍에미리트 | 아부다비 | 83.6 |
| | 요르단 | 암만 | 92.3 |
| | 이라크 | 바그다드 | 438.3 |
| | 이란 | 테헤란 | 1,633.2 |
| | 이스라엘 | 예루살렘 | 20.8 |
| | 인도 | 뉴델리 | 3,287.6 |
| | 인도네시아 | 자카르타 | 1,904.6 |
| | 일본 | 도쿄 | 377.8 |
| | 중국 | 베이징 | 9,597.0 |
| | 캄보디아 | 프놈펜 | 181.0 |
| | 쿠웨이트 | 쿠웨이트 | 17.8 |
| | 타이 | 방콕 | 513.1 |
| | 터키 | 앙카라 | 774.8 |
| | 파키스탄 | 이슬라마바드 | 796.1 |
| | 필리핀 | 마닐라 | 300.0 |
| 아프리카 | 가나 | 아크라 | 238.5 |
| | 기니 | 코나크리 | 245.9 |
| | 나미비아 | 빈트후크 | 824.3 |
| | 나이지리아 | 아부자 | 923.8 |
| | 남아프리카공화국 | 프리토리아 | 1,221.0 |
| | 니제르 | 니아메 | 1,267.0 |
| | 르완다 | 키갈리 | 26.3 |
| | 리비아 | 트리폴리 | 1,759.5 |
| | 마다가스카르 | 안타나나리보 | 587.0 |
| | 모로코 | 라바트 | 446.6 |
| | 모잠비크 | 마푸토 | 801.6 |
| | 보츠와나 | 가보로네 | 581.7 |
| | 소말리아 | 모가디슈 | 637.7 |
| | 수단 | 하르툼 | 2,505.8 |
| | 알제리 | 알제 | 2,381.7 |
| | 에티오피아 | 아디스아바바 | 1,104.3 |
| | 우간다 | 캄팔라 | 241.0 |
| | 이집트 | 카이로 | 1,001.4 |
| | 중앙아프리카공화국 | 방기 | 623.0 |
| | 짐바브웨 | 하라레 | 390.8 |
| | 카메룬 | 야운데 | 475.4 |
| | 케냐 | 나이로비 | 580.4 |
| | 콩고공화국 | 브라자빌 | 342.0 |
| | 콩고민주공화국 | 킨샤사 | 2,344.9 |
| | 탄자니아 | 도도마 | 883.7 |
| | 튀니지 | 튀니스 | 163.5 |

| 지역 | 국가명 | 수도 | 면적(천 ㎢) |
|---|---|---|---|
| 유럽 | 그리스 | 아테네 | 132.0 |
| | 네덜란드 | 암스테르담 | 40.8 |
| | 노르웨이 | 오슬로 | 324.0 |
| | 덴마크 | 코펜하겐 | 43.1 |
| | 독일 | 베를린 | 356.7 |
| | 루마니아 | 부쿠레슈티 | 238.4 |
| | 벨기에 | 브뤼셀 | 30.5 |
| | 불가리아 | 소피아 | 110.9 |
| | 스웨덴 | 스톡홀름 | 450.0 |
| | 스위스 | 베른 | 41.3 |
| | 아일랜드 | 더블린 | 70.3 |
| | 에스파냐 | 마드리드 | 505.9 |
| | 영국 | 런던 | 244.1 |
| | 오스트리아 | 빈 | 83.9 |
| | 이탈리아 | 로마 | 301.3 |
| | 체코 | 프라하 | 78.9 |
| | 포르투갈 | 리스본 | 92.0 |
| | 폴란드 | 바르샤바 | 323.2 |
| | 프랑스 | 파리 | 551.5 |
| | 핀란드 | 헬싱키 | 338.1 |
| | 헝가리 | 부다페스트 | 93.0 |
| | 보스니아·헤르체고비나 | 사라예보 | 51.0 |
| | 크로아티아 | 자그레브 | 56.5 |
| | 러시아 | 모스크바 | 17,075.4 |
| | 우크라이나 | 키예프 | 603.7 |
| | 벨로루시 | 민스크 | 207.6 |
| 북아메리카 | 과테말라 | 과테말라시티 | 108.9 |
| | 니카라과 | 마나과 | 130.0 |
| | 멕시코 | 멕시코시티 | 1,958.2 |
| | 미국 | 워싱턴 | 9,363.5 |
| | 아이티 | 포르토프랭스 | 27.8 |
| | 엘살바도르 | 산살바도르 | 21.0 |
| | 온두라스 | 테구시갈파 | 112.1 |
| | 자메이카 | 킹스턴 | 11.0 |
| | 캐나다 | 오타와 | 9,976.1 |
| | 쿠바 | 아바나 | 110.9 |
| | 트리니다드토바고 | 포트오브스페인 | 5.1 |
| | 파나마 | 파나마 | 75.5 |
| 남아메리카 | 베네수엘라 | 카라카스 | 912.1 |
| | 볼리비아 | 라파스 | 1,098.6 |
| | 브라질 | 브라질리아 | 8,512.0 |
| | 아르헨티나 | 부에노스아이레스 | 2,780.4 |
| | 에콰도르 | 키토 | 283.6 |
| | 우루과이 | 몬테비데오 | 177.4 |
| | 칠레 | 산티아고 | 756.6 |
| | 콜롬비아 | 보고타 | 1,138.9 |
| | 파라과이 | 아순시온 | 406.8 |
| | 페루 | 리마 | 1,285.2 |
| 오세아니아 | 뉴질랜드 | 웰링턴 | 270.5 |
| | 오스트레일리아 | 캔버라 | 7,441.2 |
| | 파푸아뉴기니 | 포트모르즈비 | 462.8 |
| | 피지 | 수바 | 18.3 |